走进大学
DISCOVER UNIVERSITY

什么是
动物医学？

WHAT
IS
ANIMAL MEDICINE?

U0244005

陈启军　主编

高维凡　吴长德　姜　宁　编者

大连理工大学出版社
Dalian University of Technology Press

图书在版编目(CIP)数据

什么是动物医学？/ 陈启军主编. -- 大连 ：大连
理工大学出版社，2022.8
ISBN 978-7-5685-3807-7

Ⅰ．①什… Ⅱ．①陈… Ⅲ．①兽医学－普及读物
Ⅳ．①S85-49

中国版本图书馆 CIP 数据核字(2022)第 070461 号

什么是动物医学？　SHENME SHI DONGWU YIXUE？

出　版　人：苏克治
责任编辑：于建辉　　杨　书
责任校对：王　伟
封面设计：奇景创意

出版发行：大连理工大学出版社
　　　　　（地址：大连市软件园路 80 号，邮编：116023）
电　　话：0411-84708842（发行）
　　　　　0411-84708943（邮购）　0411-84701466（传真）
邮　　箱：dutp@dutp.cn
网　　址：http://dutp.dlut.edu.cn

印　　刷：辽宁新华印务有限公司
幅面尺寸：139mm×210mm
印　　张：5
字　　数：80 千字
版　　次：2022 年 8 月第 1 版
印　　次：2022 年 8 月第 1 次印刷
书　　号：ISBN 978-7-5685-3807-7
定　　价：39.80 元

出版者序

高考,一年一季,如期而至,举国关注,牵动万家!这里面有莘莘学子的努力拼搏,万千父母的望子成龙,授业恩师的佳音静候。怎么报考,如何选择大学和专业,是非常重要的事。如愿,学爱结合;或者,带着疑惑,步入大学继续寻找答案。

大学由不同的学科聚合组成,并根据各个学科研究方向的差异,汇聚不同专业的学界英才,具有教书育人、科学研究、服务社会、文化传承等职能。当然,这项探索科学、挑战未知、启迪智慧的事业也期盼无数青年人的加入,吸引着社会各界的关注。

在我国，高中毕业生大都通过高考、双向选择，进入大学的不同专业学习，在校园里开阔眼界，增长知识，提升能力，升华境界。而如何更好地了解大学，认识专业，明晰人生选择，是一个很现实的问题。

为此，我们在社会各界的大力支持下，延请一批由院士领衔、在知名大学工作多年的老师，与我们共同策划、组织编写了"走进大学"丛书。这些老师以科学的角度、专业的眼光、深入浅出的语言，系统化、全景式地阐释和解读了不同学科的学术内涵、专业特点，以及将来的发展方向和社会需求。希望能够以此帮助准备进入大学的同学，让他们满怀信心地再次起航，踏上新的、更高一级的求学之路。同时也为一向关心大学学科建设、关心高教事业发展的读者朋友搭建一个全面涉猎、深入了解的平台。

我们把"走进大学"丛书推荐给大家。

一是即将走进大学，但在专业选择上尚存困惑的高中生朋友。如何选择大学和专业从来都是热门话题，市场上、网络上的各种论述和信息，有些碎片化，有些鸡汤式，难免流于片面，甚至带有功利色彩，真正专业的介绍尚不多见。本丛书的作者来自高校一线,他们给出的专业画像具有权威性,可以更好地为大家服务。

二是已经进入大学学习,但对专业尚未形成系统认知的同学。大学的学习是从基础课开始,逐步转入专业基础课和专业课的。在此过程中,同学对所学专业将逐步加深认识,也可能会伴有一些疑惑甚至苦恼。目前很多大学开设了相关专业的导论课,一般需要一个学期完成,再加上面临的学业规划,例如考研、转专业、辅修某个专业等,都需要对相关专业既有宏观了解又有微观检视。本丛书便于系统地识读专业,有助于针对性更强地规划学习目标。

三是关心大学学科建设、专业发展的读者。他们也许是大学生朋友的亲朋好友,也许是由于某种原因错过心仪大学或者喜爱专业的中老年人。本丛书文风简朴,语言通俗,必将是大家系统了解大学各专业的一个好的选择。

坚持正确的出版导向,多出好的作品,尊重、引导和帮助读者是出版者义不容辞的责任。大连理工大学出版社在做好相关出版服务的基础上,努力拉近高校学者与

读者间的距离,尤其在服务一流大学建设的征程中,我们深刻地认识到,大学出版社一定要组织优秀的作者队伍,用心打造培根铸魂、启智增慧的精品出版物,倾尽心力,服务青年学子,服务社会。

"走进大学"丛书是一次大胆的尝试,也是一个有意义的起点。我们将不断努力,砥砺前行,为美好的明天真挚地付出。希望得到读者朋友的理解和支持。

谢谢大家!

苏克治
2021 年春于大连

自　序

　　"六畜之大有功于人,钧衡驾轭,负重致远,唯牛马为最利。"这是隆庆五年(1571)的进士,后来历任御史、应天府工部尚书、太子太保的丁宾为明朝兽医喻仁、喻杰的《元亨疗马集》所做的序言中的一句话。我国历代人民对同各种动物疾病斗争的宝贵经验进行总结,从而形成了一套独特的理论体系——传统动物医学,这是具有悠久历史与强大生命力的珍贵文化遗产。几千年来,中国传统动物医学的理论指导着动物医学的临床实践,并在实践中不断补充和发展,逐渐形成了一套现代动物医学理论体系,不仅为我国畜牧业生产提供了巨大帮助,还促进了东亚地区的动物医学发展。

　　那么,何为"动物医学"呢?动物医学是在生物学的基础上研究动物疾病的发生、发展、诊断、治疗、预防以及控制的一门学科。其主要研究对象有家畜家禽(猪、马、牛、羊、鸡、鸭、鹅等)、伴侣动物(犬、猫等)、实验动物、经济野生动物、观赏动物、经济昆虫(蜜蜂、蚕等)和鱼类等。动物医学从业者一直在为保障动物健康和动物福利,保障人类动物源性食品安全,保障人类健康,有效促进畜牧业,乃至农业向着健康有序的方向发展,维护公共卫生,保护环境,维护生态平衡的道路上奋楫笃行。

　　近年来,随着人民生活水平的不断提高,养殖业的快速发展,环境的持续恶化,食品安全以及新发、再发性人兽共患病的问题频频出现,人们对动物医学的认识也发生了巨大改变,动物医学的社会作用愈加重要。动物医学工作者正在社会的各个角落坚定地维护着人类、动物与环境的"全健康",即将人类、动物和环境三者的健康统合为一个整体。在新时代,我国动物医学更应继续大力推动"全健康"理念的传播,关注全球大健康问题,为构建人类命运共同体贡献出中国力量。

　　然而,全球化和社会经济的繁荣发展在为我们的生活带来美好的同时,"负效应"逐渐显现,"全健康"理念的传播和实现正在面临严峻考验。由于近些年不断突发公共卫生事件,人类健康和动植物种群生存受到严重威胁。从严重急性呼吸综合征、高致病性禽流感、西尼罗河病毒感染、埃博拉出血热和中东呼吸综合征到近两年的新型冠状病毒肺炎的大流行,严重威胁着人们的生命安全,我们必须警醒、反思并行动。在众多的"负效应"中,人兽共患病病原体占已知人类病原体的一半以上,对全球公共卫生的威胁日益严重。为了实现人类和动物的最佳健康状态,人类应当提高对动物医学的认识水平,重视动物医学,对动物疾病进行有效防控、监督预警。病原学及流行病学的研究,更需要动物医学从业者与人医的通力合作。所以,对动物医学相关知识的学习也显得尤为重要。

谈到动物医学,人们常会有一种错觉,从这个专业毕业后就是当宠物医生。其实,出入境检验检疫局、农业局、畜牧局、各地动物卫生监督所、各级兽医站、动物实验中心、生物公司、兽药厂、疫苗厂等单位也需要大量的动物医学专业人才。为了让读者更好地了解动物医学专业,本书以简单、通俗的方式从动物医学概说,动物医学发展历史、现状和未来展望,动物医学科普知识,在动物医学专业里学什么和学了动物医学能做什么五大部分对

动物医学进行了介绍，希望可以引领读者全面了解动物医学。本书从多个层面对动物医学所涉及的内容进行了深入浅出的阐述，目的是普及广大读者对动物医学的认知，尤其是激发青年读者对动物医学的兴趣，共同促进人类、动物和环境的健康发展。

陈启军

2022 年 5 月

目　录

动物医学概说
——动物健康和人类健康的守护者

在动物医学和人类医学之间没有分界线，更不应该存在分界线。对象不同，但获得的经验构成了所有医学的基础。

——鲁道夫·魏尔肖

▶▶ 动物医学的定义

动物医学，即兽医学，是指在生物学的基础上研究动物疾病的发生、发展规律、诊断、治疗、预防以及控制的一门学科。

▶▶ 动物医学的主要任务

　　动物医学的主要任务是对家畜家禽（猪、马、牛、羊、鸡、鸭、鹅等）、伴侣动物（犬、猫等）、实验动物、经济野生动物、观赏动物、经济昆虫（蜜蜂、蚕等）和鱼类的疾病进行诊断、治疗、预防和控制，保障动物健康和动物福利，保障人类动物源性食品安全，有效促进畜牧业乃至农业向着健康有序的方向发展，维护公共卫生，保护环境，维护生态平衡，保障人类健康。

▶▶ 动物医学的分支和分类

　　动物医学专业属于农学门类，是我国农业科学的重要组成部分。动物医学类包括动物医学、动物药学、动植物检疫、实验动物学、中兽医学、兽医公共卫生 6 个专业，其中动物药学、动植物检疫、实验动物学、中兽医学以及兽医公共卫生 5 个专业都是以动物医学专业为基础，随着动物医学的发展而形成的分支。这 6 个专业既有密切联系，又有各自的特色。

▶▶ 当代动物医学从业者的职能和责任

➜➜ 保障养殖动物的健康

自 21 世纪以来,我国的畜牧业发生了巨大变化,畜禽养殖规模由原来的小型庭院式养殖发展成为大规模集约化养殖。养鸡(包括蛋鸡和肉鸡)场由原来的存栏数百只、数千只的规模发展成为存栏数万只、数十万只的规模;养猪场由原来的存栏数百头、数千头的规模发展成为存栏数万头的规模;养牛(包括奶牛和肉牛)场由原来的存栏数十头、数百头的规模发展成为存栏两三千头的规模。不仅养殖规模显著扩大、数量显著增加,而且养殖技术、畜禽的饲料转化率、畜禽的生产性能也显著提高,乳、肉、蛋的总产值显著增加,经济效益和社会效益显著提高。动物饲料的生产加工、畜禽的大规模集约化养殖以及畜禽产品的屠宰加工形成一条完整的、规模庞大的产业链。畜禽养殖业成为这个产业链的中间环节和纽带。这些变化虽然使人们的生活水平和生活质量显著提高,但动物疫病发生的种类、发展规律也随之发生变化,动物疫病发生和流行的风险变得更大,传染病的传播变得更快,带来的损失和危害变得更为严重,对动物健康、人类健康、公共卫生、环境保护以及生态环境的影响更为严

动物医学概说——动物健康和人类健康的守护者

重。如何保障这些动物的健康，如何确保大型畜禽养殖业向着健康有序的方向发展，对重大动物疫病的有效防控变得至关重要。动物医学从业者面临的挑战变得更大，其责任也变得更大。畜禽传染病的防治原则向来是八字方针——"养重于防，防重于治"。随着养殖规模的逐渐扩大，对各种传染病的有效预防、合理的免疫程序的制定与实施、免疫状态的定期监测、病原学的定期检测以及流行病学调查，建立科学合理的防疫制度，建立重大动物疫病监督防控的预警机制和应急预案，其重要性要远远大于疾病的临床诊断与治疗。

原中华人民共和国农业部印发农医发〔2007〕12号文件，即关于印发《高致病性禽流感等14个动物疫病防治技术规范》的通知（以下简称《规范》）。其中包括的动物疫病有高致病性禽流感、口蹄疫、马传染性贫血、马鼻疽、布鲁氏菌病、牛结核病、猪伪狂犬病、猪瘟、新城疫、传染性法氏囊病、马立克氏病、绵羊痘、炭疽以及J亚群禽白血病。在《规范》中，对每种传染病的病原学、流行病学、临床症状、病理变化、诊断、预防、免疫状态的检测、病原学检测，以及发生疫情时应采取包括封锁、隔离、消毒、紧急免疫预防接种以及无害化处理等措施都有详细叙述。对这些重大动物疫病进行定期监测、建立监督预警机制和应急预案、开展流行病学调查以及有效防治正是当代动物医学从业者的职能和责任所在。

➡️➡️ 促进畜牧业向着绿色、健康、有序的方向发展

自从抗生素被广泛用于畜禽饲料添加剂以来,一方面,既促进了畜禽生长又有效预防了很多疾病,提高了畜禽养殖的生产性能和经济效益;但另一方面,也产生了很多副作用,例如:细菌耐药性的产生,具有抗药性的病原性菌株不断出现,增大了疾病治疗的难度;动物肠道内正常的微生物菌群平衡被打乱,病原性细菌进入肠道内更容易占位定植,使机体容易遭受感染发病,机体对疾病的抵抗力下降,免疫功能下降,容易感染很多疾病;畜禽产品中的药物残留,即在肉、蛋、奶中可检测到药物残留;药物残留通过畜禽分泌物和排泄物污染土壤、污染作物、污染环境;最终这些药物残留可蓄积到人体内,使人体对疾病的抵抗力下降,免疫功能下降,容易遭受很多感染,危害人类健康。

动物医学从业者的职能和责任是对畜禽饲料和畜禽产品进行药物残留检测分析、监督管理,以保障肉、蛋、奶等动物源性食品安全。同时要加强对饲用替代抗生素的绿色环保新型饲料添加剂的研制开发与应用,例如酶制

动物医学概说——动物健康和人类健康的守护者

剂、微生态制剂、植物提取物、无机抗菌剂、抗菌肽、有机
酸等，这些需要动物营养学专家与动物医学从业者相互
配合、相互合作，以促进我国畜牧业向着绿色、健康、有序
的方向发展，提高畜禽养殖业的经济效益、社会效益和生
态效益，走可持续发展的道路。

➡➡ **保障兽药和兽医生物制品的安全生产经营**

　　动物医学从业者按照我国农业农村部制定的相关法
律法规对兽药和兽医生物制品的研制、生产以及经营等
各个方面进行严格管理。相关法律法规包括《兽药管理
条例》《兽药质量监督抽样规定》《兽药生产质量管理规
范（2020年修订）》《兽药标签和说明书管理办法》《兽药
产品批准文号管理办法》《兽药管理办法》及《新兽药研
制管理办法》。按照上述法律法规对兽药和兽医生物制
品厂的建厂设计、建设及验收，新产品研发、申报、试生
产、正式生产的每个环节，以及产品经营的人员、设备和
管理制度等全方位进行监督管理，严格把好兽药和兽医
生物制品生产经营的质量关。此外，对进口的各类兽药
和疫苗等兽医生物制品的质量进行严格监督管理，以促
进畜牧业的健康有序发展，保障动物健康，进而保障人类
健康。我国最高的监督管理机构是中国兽医药品监察

所,由它对所有兽药和生产及科研用的微生物(包括细菌菌种、病毒毒种和寄生虫虫种)进行管理和监督。各省也设立了省级兽医药品监察所。

➡➡ 执行和守护我国畜牧兽医相关法律法规

我国畜牧兽医相关法律法规包括《中华人民共和国畜牧法》《中华人民共和国动物防疫法》《中华人民共和国农产品质量安全法》《中华人民共和国进出境动植物检疫法》《兽药管理条例》《重大动物疫情应急条例》等。所有畜牧兽医的相关社会活动,包括生产加工、经营、科学研究、研制开发、国际贸易等都必须遵守上述法律法规。动物医学从业者既是这些法律法规的执行者,也是其守护者。例如,市级和省级的动物疫病监督局,对所管辖地区重大动物疫病进行常规的病原学检测、流行病学调查、免疫程序的制定与实施以及免疫状态监测,发生某种传染病疫情时,遵照《中华人民共和国动物防疫法》和《重大动物疫情应急条例》采取相应措施以控制和扑灭疫情,而且在此过程中还要起到监督和管理的作用。

➡➡ 保障伴侣动物的健康

自 20 世纪 90 年代以来,伴侣动物(犬、猫等)走进人们的生活,而且数量越来越多,犬、猫等伴侣动物也和家

畜、家禽等养殖动物一样，需要针对一些传染病进行疫苗的免疫预防接种。伴侣动物也存在各种疾病，包括营养性、代谢性、内科、外科、产科、传染性以及寄生虫性疾病。这些动物身上也可携带人兽共患病的病原体，对人类的健康造成很大威胁。对这些疾病的有效防治、保障伴侣动物的健康、保障人类的健康，正是动物医学从业者的责任和义务。

➡➡ 应对突发公共卫生事件，保障人类健康

动物医学从业者的责任和义务是与人医相互配合，共同应对突发公共卫生事件，对人类重大传染病，尤其是人兽共患的新发传染病及重新发生的传染病等，进行及时、有效的控制和扑灭，建立疫病监督防控的预警机制和应急预案，以保障人类健康，维护生态平衡。

➡➡ 促进动物医学的发展

动物医学从业者对动物所患各种疾病，尤其是新发和重新发生的重大动物疫病进行基础性和应用性科学研究，包括病原学、病原体与宿主细胞之间的相互作用、流行病学、诊断技术、治疗药物研制、疫苗研制等。自 20 世纪 90 年代以来，随着科学的飞速发展，各学科之间的相互联系、相互交叉、相互渗透变得更加明显，随着生命科

学、分子生物学、生物工程学、生物医学工程学突飞猛进的发展,新知识、新技术、新产品层出不穷,例如基因的分离鉴定、DNA(脱氧核糖核酸)标记技术、基因克隆、基因的表达及功能分析、基因序列测定、生物信息学分析、蛋白质的表达及功能分析、蛋白质序列测定、蛋白质组学分析、核酸的定性定量检测、基因工程以及蛋白质工程、共聚焦成像、流式细胞术等。动物医学的科学研究与人类医学一样位于科学发展的前沿。相关的科研和应用技术早已由原来的细胞水平发展到分子水平。动物医学已将这些新技术应用在科学研究、新产品研制与开发、疫病监测和防治中。例如,以前对病毒性传染病(猪瘟、禽流感等)病毒的分离鉴定,需要检测人员将病理组织材料放在电子显微镜下看到病毒粒子才可以确定病毒存在,而现今只需在患病动物的分泌物、排泄物中应用实时荧光反转录聚合酶链式反应(Real-time RT-PCR)检测到病毒的核酸就可以确定病毒的存在。这些新技术使得很多动物疫病的诊断、病原学检测、免疫状态监测以及流行病学调查变得更加准确、更加灵敏、更加方便快捷。对兽药质量和药物残留检测及分析已由原来简单的定性、定量分析发展成高效液相色谱分析、液相色谱与质谱联用、原子吸收等更加快速、更加精确和更加灵敏的技术。传统的动

物用疫苗为弱毒疫苗和灭活疫苗,而这些将逐渐被基因工程疫苗和其他现代生物技术疫苗所取代。兽药和兽医生物制品的生产与研发将由原来的传统工艺向新型兽药研发和新型现代生物制品的生产工艺转变。

➡➡ **促进人类医学的发展**

动物医学是生命科学、生物医学和社会预防医学的重要组成部分。动物医学从业者正在人类的基础医学、临床医学和预防医学领域的科学研究(包括人类疾病的动物模型研发、人类医药新产品研发、人兽共患病的科学研究、人类新发传染病的疫苗研制等方面)发挥着重要作用。

➡➡ **应对全球气候变化,保障野生动物的健康**

全球气候变暖对野生动物的分布、数量以及生存状况都产生了严重影响。在应对全球气候和生态环境的变化过程中,动物医学从业者需要为野生动物的种类、数量及分布状况提供保障,保障野生动物的健康,维护生态平衡,进而保障人类健康。动物医学从业者需要与世界动物保护协会、国际野生生物保护学会、野生救援组织以及中国野生动物保护协会等相互配合、相互合作。为了保护野生动物,拯救珍稀、濒危野生动物,维护生物多样性和生态平衡,推进生态文明建设,我国于 2018 年修改了

《中华人民共和国野生动物保护法》,其中包括总则、野生动物及其栖息地保护、野生动物管理、法律责任以及附则等。国家林业和草原局、中华人民共和国农业农村部联合发布新调整的《国家重点保护野生动物名录》(以下简称《名录》)。新调整后的《名录》共列入了980种和8类野生动物,其中234种和1类为国家一级保护野生动物、746种和7类为国家二级保护野生动物。上述物种中,共686种陆生野生动物、294种和8类水生野生动物。

➡➡ 保障动物源性食品安全

随着农业及畜牧业健康有序的发展与人民生活水平的提高,肉、蛋、乳、水产品等动物源性食品在人们菜篮子里所占的比例越来越大,动物医学从业者需要通过畜禽屠宰加工环节对这些动物源性食品进行严格的市场检验,包括对病原微生物(细菌、病毒、真菌等)、寄生虫、毒素(细菌毒素、霉菌毒素等)、污染的化学物质和放射性物质以及药物残留检测等,以保障这些动物源性食品安全,从而保障国民健康。

➡➡ 增强我国畜禽产品的国际竞争力

自21世纪以来,在经济全球化的进程中,国际贸易往来越发频繁,动物传染病的国际传播变得更快,风险和

威胁变得更大，这就更加需要动物医学从业者应用各种
先进的检测技术和手段在进出境口岸对进出境的畜禽产
品、动物源性食品的各种病原体、疫病、药物残留以及其
他有害物质进行严格的检测，以增强我国畜禽产品的国
际竞争力。动物医学从业者与植物检疫从业人员相互配
合，遵照《中华人民共和国进出境动植物检疫法》开展各
项工作，既保障我国出口产品的质量安全，又将外来的各
种动植物性的病原体、疫病拒于国门之外，以确保食品安
全和国民健康。

▶▶ 动物医学与畜牧业及农业的关系

　　畜牧业是农业的重要组成部分，农业是畜牧业发展
的基础，畜牧业的发展又离不开动物医学。畜牧业主要
是指家畜、家禽养殖业和野生经济动物养殖业。家畜主
要包括猪、牛、羊、马、驴等动物，家禽主要指鸡、鸭、鹅等
动物，而野生经济动物主要指鹿、獭、麝等动物。在这些
动物的养殖过程中，疾病的预防和控制至关重要，疾病的
防控做不好，会导致动物的发病率高、死亡率高，生产性
能下降，养殖效益降低，经济效益、社会效益及生态效益
降低。动物疫病种类非常多，包括普通病、传染病以及寄
生虫病。传染性疾病需要用科学合理的消毒程序、用药

程序、免疫程序、免疫状态监测、流行病学调查等综合防疫制度进行有效防控,而这些正是动物医学从业者的职能和责任所在。所以,畜牧养殖业的发展离不开动物医学,动物医学为畜牧养殖业保驾护航。畜牧业发展起来了,养殖动物规模大了,消费的饲料就多了。所以,畜牧业的发展直接带动了饲料生产和加工业的发展。饲料的原料成分主要有玉米、大豆加工的副产品豆粕、鱼粉,以及维生素、钙、磷、氨基酸、微量元素等,其中的玉米和大豆都是我国重要的农作物。饲料行业发展起来了,需用的上述原料就多了。所以,饲料行业的发展直接带动了农业种植业的发展。一些作物如玉米的秸秆可用于加工制备养牛业中使用的青贮饲料,由此使作物种植业副产品得到有效的利用。此外,畜牧养殖业发展好了,养殖规模和数量增加了,养殖动物的排泄物形成的粪肥增多了,这些粪肥应用于种植业中使可耕地的土壤肥力增强,又促进了农业种植业的可持续发展。动物医学从业者与畜牧养殖业从业者相互合作,共同致力于发展绿色、环保、健康的畜禽养殖业,例如兽药和饲料及其添加剂的安全生产、饲用抗生素的替代及畜禽养殖排污的无害化处理等,为种植业乃至整个农业创造了更加良好的生态环境。

▶▶ 动物医学与人类医学的关系

➡➡ 爱德华·詹纳与免疫学

据说天花病毒是被古埃及商人传播到印度的。与天花相似的皮肤损伤的最早证据是在埃及第十八王朝至第二十王朝时期（公元前 1570—前 1085 年）的木乃伊脸上发现的。埃及法老拉美西斯五世（公元前 1156 年去世）的木乃伊头部有疑似天花皮疹的迹象。同时早在公元前 1122 年中国就有天花的描述，印度的古代梵文文本中也有提及。

天花在 5～7 世纪的某个时间被引入欧洲，并在中世纪经常流行。这种疾病极大地影响了西方文明的发展。罗马帝国衰落的最初阶段（公元 169—191 年）恰逢一场大规模流行病——安东尼瘟疫，造成近 700 万人死亡。阿拉伯扩张、西印度群岛的发现都加剧了这种疾病的传播。

爱德华·詹纳（Edward Jenner）是一位英国医生和科学家，他研制了世界上第一种疫苗，即天花疫苗。在西方，詹纳常被称为"免疫学之父"。

1764 年,詹纳开始当学徒。在学徒期间,他获得了关于外科医疗实践的丰富知识。21 岁完成学徒期后,詹纳去了伦敦,成为伦敦圣乔治医院工作人员约翰·亨特(John Hunter)的学生。亨特不仅是英国最著名的外科医生之一,而且是一位受人尊敬的生物学家、解剖学家和实验科学家。亨特和詹纳之间的牢固友谊一直持续到 1793 年亨特去世。与亨特在一起的两年工作经历增加了詹纳对自然科学的好奇心。詹纳对自然科学非常感兴趣,他帮助库克船长对第一次航行带回的许多物种进行了分类。

　　1788 年,詹纳成为皇家研究员。他不仅对人体解剖学有深刻的理解,还对动物生物学及动物医学在人与动物跨物种界限中的作用也有深入的了解。现在看来,当今的许多疫苗接种成功都可以归因于他的工作。

　　1796 年 5 月,詹纳发现,一个名叫莎拉·内尔姆斯(Sarah Nelms)的年轻奶牛女工,她的手和手臂上出现了新鲜的牛痘病变。1796 年 5 月 14 日,他使用该奶牛女工病灶中的脓液为 8 岁男孩詹姆斯·菲普斯(James Phipps)接种。随后,男孩出现轻度发烧和腋窝不适。接种后第 9 天,男孩感到寒冷,食欲不振,但很快就得以恢

复。1796 年 7 月,詹纳再次为这个男孩接种了疫苗,这次是用新鲜的天花病灶中的脓液,孩子并没有出现天花病症。詹纳得出结论,牛痘疫苗可以预防天花。

尽管有时天花疫苗紧缺,但詹纳还是会将疫苗发送给医生以及其他需要被提供疫苗的人。1800 年,约翰·海加斯(John Haygarth)博士从詹纳那里接收了疫苗,并将其中的一些相关材料寄给了哈佛大学物理学教授本杰明·沃特豪斯(Benjamin Waterhouse)。沃特豪斯在新英格兰引入了该疫苗并推行接种,然后说服托马斯·杰斐逊(Thomas Jefferson)总统在弗吉尼亚州进行尝试。沃特豪斯得到了杰斐逊总统的大力支持,杰斐逊总统任命沃特豪斯为国家疫苗研究所的疫苗代理人,该疫苗研究所是为在美国实施国家疫苗接种计划而设立的。

爱德华·詹纳的成功表明动物医学和人类医学密不可分,可以说很多有用的人类医学研究成果都来自动物医学的贡献。

➡➡ 路易斯·巴斯德与微生物学

路易斯·巴斯德(Louis Pasteur),法国化学家和微生物学家,他是医学微生物学最重要的创始人之一。巴斯德开创了分子不对称的研究;发现了微生物引起发酵和疾病；发明了巴氏消毒法，拯救了法国的啤酒和葡萄酒业；研发了疫苗，对抗炭疽病和狂犬病。

1879年，巴斯德偶然发现鸡霍乱病菌培养物浓缩液在放置一段时间后会失去致病性并保留"减毒"多代的抗病效力。他用减毒形式给鸡注射霍乱菌液，并证明这些鸡对全毒力菌株具有抵抗性。从那时起，巴斯德将他所有的实验工作都转向了免疫学方向，并将这一原理应用于许多其他疾病。

巴斯德开始调查1879年的炭疽病。当时在法国和欧洲其他一些地区流行的炭疽病已经导致大量绵羊死亡，而且这种疾病也在袭击人类。德国医生罗伯特·科赫（Robert Koch）宣布分离出炭疽杆菌，巴斯德证实了这一点。科赫和巴斯德独立提供了确凿的实验证据，证明炭疽杆菌确实是造成炭疽病感染的原因，这牢固地确立了疾病的细菌学说。

巴斯德想将疫苗接种原理应用于炭疽病。在确定导致生物体丧失毒力的条件后，他制备了芽孢杆菌的减毒培养物。1881年春天，他获得了主要来自农民的财政支持，以进行大规模的炭疽免疫公共实验。该实验在位于巴黎南郊的普伊勒堡进行。巴斯德对70只农场动物进

行了免疫接种，实验取得了圆满成功。疫苗接种程序包括以 12 天的间隔用不同效力的疫苗接种两次。在初始接种两周后，接种疫苗的绵羊和对照绵羊都接种了毒性炭疽菌株。几天之内，所有对照绵羊都死了，而所有接种疫苗的绵羊都存活了下来。这使许多人相信巴斯德的工作确实有效。

炭疽疫苗接种实验成功后，巴斯德开始专注于疾病的微生物起源研究。他对被病原微生物感染的动物的研究以及对动物造成有害生理影响的微生物机制的研究使他成为感染病理学领域的先驱。人们常说詹纳发现了疫苗接种，巴斯德发明了疫苗。事实上，在詹纳开始接种天花疫苗近 90 年后，巴斯德开发了另一种疫苗——狂犬病疫苗。

巴斯德怀疑导致狂犬病的病原体是一种微生物（后来发现该病原体是一种病毒，一种无生命的实体）。它太小而无法在巴斯德的显微镜下被看到，因此对这种疾病的实验需要开发全新的方法。巴斯德选择用兔子进行实验，并通过脑内接种将传染源从动物传播到动物，直到他获得稳定的制剂。为了减弱这种看不见的毒剂，他烘干了受感染动物的脊髓，直到制剂变得几乎无毒。后来他意识到，他的方法并没有创造出一种减毒形式，而实际上是一种中和制剂（巴斯德认为中和作用是对病原体的杀灭作用,因为他怀疑病原体是一种活的有机体)。因此,在不知不觉中,他研制了一种中和剂,而不是减毒的活微生物,并为此开发出第二类疫苗,称为灭活疫苗。

1885年7月6日,巴斯德为被疯狗咬伤的9岁男孩约瑟夫·迈斯特(Joseph Meister)接种了狂犬病疫苗。这种疫苗非常成功,立即为巴斯德带来了荣耀和名声。巴斯德的狂犬病疫苗随后拯救了全世界很多被狗咬伤的受害者。

➡➡ 动物医学对人类医学的推动

❖❖ 克隆羊多莉

历史上最著名的克隆绵羊于1996年7月5日出生在爱丁堡。它不是第一个被克隆成功的动物。从20世纪中叶到多莉被克隆成功,这期间老鼠、猪、鸡和青蛙已经被克隆过了,而多莉是第一个从成年体细胞中克隆的动物,因此在基因上与供体相同。这项科学实验受到了媒体的极大关注,并成为历史上最著名的实验之一。当时,它引发了一场关于克隆和基因工程以及它可以为人类带来什么好处的辩论。尽管用于克隆多莉的技术(SCNT,即体细胞核移植)近年来进展甚微,但仍有一些潜在的应用,例如复活已灭绝的物种。科学家们已经尝试过"复

活"比利牛斯山羊,甚至可以让猛犸象起死回生。SCNT
的另一个应用是组织和器官的培养。多莉于 2003 年 2 月
死于肺部感染并发症,它的遗体被保存在苏格兰皇家博
物馆并展出。

✥✥ 巴甫洛夫的狗

19 世纪末,俄国医生伊万·巴甫洛夫(Ivan Pavlov)
利用多种流浪狗进行了他著名的实验,证明反射可以被
调节(现在称为"经典条件反射")。巴甫洛夫观察到这些
狗在看到食物时会流口水,这是由直接刺激产生的反应。
后来,他发现狗只要一看到平时给它们送食物的助手就
流口水了。他提议通过引入中性刺激来调节流口水反
射。在喂狗之前,巴甫洛夫戴上了节拍器(不是人们普遍
认为的铃铛);在多次重复之后,这些狗只要听到节拍器
发出的声音就流口水,而无须给它们带来食物。巴甫洛
夫对他的狗进行了其他行为心理学和生理学实验,并因
此获得了 1904 年的诺贝尔生理学或医学奖。他对狗进
行手术,收集它们的唾液并对它们的消化系统进行研究。
按照今天的标准,他的方法可能具有争议性,但考虑到他
工作的时代,巴甫洛夫确实称得上动物伦理治疗的先驱,
因为他反对活体解剖(对动物进行切割手术),并且使用
麻醉剂来避免动物遭受不必要的痛苦。

✣✣ 黑猩猩华秀

诺姆·乔姆斯基无疑是现代最著名的语言学家之一。从20世纪中叶开始，他通过坚持"语言的能力是人类独有的"的观点，彻底改变了语言的研究方向。他的初衷是，尽管其他生物以不同的方式进行交流，但只有人类能够使用适用于语言的特定语法规则来建立通用语法并产生和理解无限的符号序列。然而，一群科学家在1960年年末对这一理论提出反驳。他们试图教会黑猩猩美国手语。为了做到这一点，他们试图养育一些黑猩猩，就好像它们是人类的孩子一样。一只名叫华秀的黑猩猩学会了350个符号，但没有证明它能用这350个符号进行自主表达，它只是为了特定的奖励结果而机械地模仿，大部分动物通过反复训练都能做到这一点。该实验最终为乔姆斯基的理论提供了更多的支持。

✣✣ 实验室老鼠和果蝇

动物对科学研究至关重要。自1901年以来，76%的诺贝尔生理学或医学奖获得者都依赖于动物实验。今天用于此目的的动物中95%～97%由大鼠、小鼠、鱼和鸟组成，老鼠占了大多数。我们与这些啮齿类动物共享95%的基因，这使它们成为基因研究和神经系统研究的关键。

动物医学概说——动物健康和人类健康的守护者

老鼠在麻醉剂、青霉素（发现它们时并没有使用老鼠，但用老鼠来测试它们如何对抗感染）、胰岛素和许多现代疫苗的研发过程中都有着不可忽视的贡献。

　　另一种经常用于研究的物种是果蝇，特别是在基因研究中，因为它具有理想的实验特质：体积小，易于维护和操作；它的基因组是已知的，并且与人类基因组非常相似；它的繁殖速度非常快，因此可以在很短的时间内研究各个世代。著名的"辐射诱发突变"实验便是借助果蝇完成的。

动物医学发展历史、现状和未来展望
——人类文明的体现

> 六畜之大有功于人，钩衡驾轭，负重致远，唯牛马为最利。

——丁宾

▶▶ 我国传统动物医学的发展历程

"万物各得其和以生，各得其养以成。"穹顶之下，全世界人民与动物共享同一片天、同一个地球。在全球化为我们的生活带来美好的同时，"负"效应也随之发生。由于近些年不断突发公共卫生事件，人类健康和动植物种群生存遇到严重威胁，导致地球发生重大公共危机。从 SARS 冠状病毒、禽流感病毒到近两年的新型冠状病

毒的大流行持续夺走人们的生命，我们必须警醒、反思并行动。然而，要想实现全健康，预防人兽共患病是关键。因此我们应当提高对动物医学的认识水平，重视动物医学和动物疾病，秉承"同一世界，同一健康"的理念，结合动物医学与人类医学的共同力量来防控人兽共患病。如今，随着动物医学在生命科学的各个领域中扮演着越来越重要的角色，其重要性已经不言而喻。

全健康是人类健康、动物健康和环境健康的统合，涉及人类和动物健康、环境卫生、食品安全和农业生产等方面。

我国传统动物医学是通过总结我国历代人民同各种动物疾病斗争的宝贵经验而形成的一个独特的理论体系，是宝贵的文化遗产，具有悠久的历史和强大的生命力。几千年来，中国传统动物医学的理论指导着动物医学的临床实践，并在实践中一直被补充和发展，不仅为我国畜牧业生产提供了巨大帮助，更促进了东亚地区（如日本、韩国）的动物医学发展。

为了更深入地了解动物医学，追溯并了解我国传统动物医学的历史就显得尤为重要。因为许多史实对动物医学的研究是很有价值的，可以与现代动物医学相结合。

▶▶ 我国传统动物医学的发展历史

➡➡ 起源

　　德国历史学家兰莱德曾说:"动物医学起源于对野生动物的驯化,并将其驯化成为家畜的时代。"约在 10 000 年以前,人们开始将狩猎到的动物人为地畜养起来以备不时之需,这便是人类无意识地发展畜牧业的最早形态。中国是四大文明古国之一,并且有着悠久的农牧业历史,早在 10 000 年前就出现了畜牧业。按照"科学的起源和发展从一开始就由生产决定"的原则,中国最早的传统动物医学应该在这个时候出现。相传公元前 2700 年,轩辕黄帝时期就出现了火骟法,主要用于家畜"去势",应该算最早的兽医外科学。约公元前 1900 年至公元前 1500 年,人类开始驯养猪、牛、羊、狗、鸡等畜禽。在陕西半坡、姜寨遗址,均发现了用细木柱围成的圆圈,堆积了厚厚的家畜粪便,说明当时人们已经掌握了一定程度的畜禽卫生防护知识。人类在发展畜牧业的同时,为了畜禽的健康与繁殖,便开始了与动物疾病做斗争的历史,也就有了畜牧业的生产实践和可以从事兽医活动的工具出现。人类应用火、石器和骨器,促成了温热疗法、针灸术以及其他外治法的起源。内蒙古多伦县的新石器遗址中出土的

砭石,经鉴定具有切割脓肿和针刺两种功能。中国最早的药物以植物为主,在人体用药的基础上对动物进行直接用药并观察后续病情发展,于是出现了医治动物的药物。随后,植物药、动物药以及人畜共用药物不断出现,人类开始在探索中积累一定的经验,促成了传统动物医学的起源。

➡ ➡ **早期发展**

传统动物医学的早期发展与马、猪、羊等家畜的用途受重视有关。《列仙传》记载:"马师皇,黄帝时兽医也,善知马之形、气、生、死,诊治之辄愈。"可见传统动物医学在黄帝时期(约公元前 27—前 26 世纪)已经有了一定的发展。

在夏、商、周时期,以当时大奴隶主及统治阶级的需求为主,产生了最早的规模化养殖模式,当时的养殖业主要作为人类祭祀活动的牲畜来源以及作为农业产出不足的补充。甲骨文有记载,公元前 16 世纪就有了用于家畜阉割术的青铜刀、青铜针等工具,说明当时已经有阉割术、针灸术等传统动物医学治疗方法。同时还有很多人兽共患病,如胃肠病、寄生虫病等的记载。

至周代,人医与兽医才开始分立,兽医这一职业有较为正式的文字记载出现于《周礼·天官》："兽医，掌疗兽病，疗兽疡。凡疗兽病，灌而行之，以节之，以动其气，观其所发而养之；凡疗兽疡，灌而劀之，以发其恶，然后药之、养之、食之。"在此时期人们以朴素的阴阳五行理论作为兽医学的推理工具，产生了专门的兽医理论及专职兽医。

→→ **奠基时期**

奠定中国传统动物医学基础的重要阶段是战国到秦、汉时期，"驼医""马医""牛医"是我国最早实行专科化兽医诊疗的雏形。战国时期出现了专门给马治病的马医，对家畜疾病的记载也增多，如"羸牛""牛瘀""马肘溃""马膝折"等。《晏子春秋》中记述的"大暑而疾驰，甚者马死，薄者马伤"，描述了马中暑的情形。《庄子》中所记载"络马首、穿牛鼻"，证实当时已经出现了穿牛鼻绳的技术。

在此期间，《黄帝内经》一书的问世，为中国传统动物医学的发展奠定了基础，也为中国兽医学提供了基本的理论指导原则。中国最早的人畜通用的药学专著《神农本草经》出现在汉代，收录了 365 种药物。此外，汉代名医张仲景撰写的《伤寒杂病论》，丰富和发展了"辨证施

治"的原则。秦代出现了我国最早的一部兽医法典《厩苑律》，于汉代进行了进一步的修正并更名为《厩律》。当时主要的兽医论著有《相马经》《马经》《牛经》等。1976年出土于河南省方城县的《拒龙阉牛图》详细记载了汉代家畜的阉割方法。所有这些中国医学和药物学上的重大进步，都强力地促进了汉代和之后中国传统动物医学的迅速发展，并且形成了"治未病"这一以防为主的动物医学医疗思想。

《拒龙阉牛图》是汉代墓门上的刻绘之一，现藏于河南省南阳博物馆汉画馆。该图真实地记录了汉代阉牛法，为研究我国汉代家畜的阉割术提供了极其珍贵的资料。该图于1976年春季出土于河南省方城县城关的一座汉代墓葬中。

➡➡ 学术体系形成时期

魏晋南北朝期间，兽医出现了谷道入手等诊疗技术，并出现了我国最早的兽医生物学手段的应用案例——以得狂犬病病犬的大脑治疗狂犬病的办法。兽医学专著大量涌现，主要著作有：晋代葛洪所著《肘后备急方》；北魏贾思勰所著《齐民要术》，第六卷为畜牧兽医专卷，记载了多达四十余种的畜病方技；问世于梁代的《伯乐疗马经》，等等。其中，《肘后备急方》中记载的炼丹术，可以说是制药化学的开端，早于欧洲五六百年。

隋朝时期，动物医学出现了最早的分科，关于病症的诊治、方药及针灸等都有了专业的论著，如《隋书·经籍志》中就有《治马、牛、骡、驼等经》《治马经》《伯乐治马杂病经》《马经孔穴图》等。

唐代开创了我国动物医学教育的先河，在其太仆寺设有兽医博士、兽医及学徒等诸多教学及学习人才，并有日本兽医专门赴唐留学学习。唐人李石编著了我国最早的动物医学教科书《司牧安骥集》，这是我国现存最完整、出现最早的具有教育意义的动物医学古典著作。该书总结了之前的兽医理论知识和一些临床经验，它的出现是我国兽医学体系形成的标志。唐朝为保障畜牧业的发展，还制定了动物医学相关法规，如《唐律》规定"诸乘驾官畜产，而脊破领穿，疮三寸，笞二十""伤重五日内死者，从杀罪"等。《新修本草》成书于唐高宗年间，记载了844种药物，被认为是中国古代较为完整的人畜通用药典。当时，少数民族地区的动物医学也取得了较好的发展，比如，在新疆出现了《牛医方》等，在西藏出现了《论马宝珠》和《医马论》等著作。

动物医学发展历史、现状和未来展望——人类文明的体现

宋、元、明时期是我国动物医学发展、完善、总结的一个重要时期，中国动物医学又有了进一步的创新和提高。宋代设置的专门疗马的病马监，是我国动物医院的开端，还出现了"皮剥所"，可以说是中国最早的家畜尸体剖检机构。此外，宋代还出现了中国最早的兽医药房"药蜜库"。当时由于印刷术和造纸业的发达，动物医学的相关书籍、著作也呈现了百花齐放的蓬勃发展现象。宋代王愈撰《蕃牧纂验方》，载方 57 个，并附针法。元代兽医卞宝所著的《痊骥通玄论》，总结论述了动物脏腑病理及一些常见多发病相关的诊疗，尤其是结症及跛行等。"明代兽医鼻祖"喻本元、喻本亨所著的《元亨疗马集》是在国际上最为广泛传播的一部传统动物医学代表著作，具有丰富多彩的理法方药。"药圣"李时珍所著的《本草纲目》中，通过大量的畜牧兽医古书，对我国 16 世纪以前的医药经验进行了系统性总结，收入药材 1 892 种，方剂 11 096 个，其中专业的兽医方剂 200 余个，附图 1 000 余幅，内容极其丰富，人畜通用。

➡➡ 衰落时期

受清朝统治者的专制统治、文字狱的兴盛以及近代帝国主义侵略等历史原因影响，我国的传统动物医学曾陷入停滞不前的发展阶段,这期间很少有传统动物医学著作面世、刊行。一小部分著作只是在民间小规模流行,如《养耕集》《活兽慈舟》《猪经大全》等。

鸦片战争后,传统动物医学进入了低谷时期,主要原因为当时半殖民地半封建的社会状态和统治者对其轻视,后随着西方动物医学的传入,中国才有了中、西方动物医学之分。封建制度以及一些传统思想偏见的极大冲击,导致传统动物医学从明末开始就停滞不前,再加上20世纪初当时政府对中医药和传统动物医学进行摧残和扼杀,通过"废止旧医"案攻击传统动物医学不科学,所以在19世纪到20世纪之间,很少有学者对传统动物医学进行总结和改进,且很少有相关著作问世。

随着西方动物医学的传入,我国的动物医学教育开始兴起。1898年湖北武昌农务学堂设立了专门的牧科,用以传授动物医学课程。1904年在河北保定设立了北洋马医学堂。同时,不断有兽医出国学习。1907年便有人到日本学习兽医,此后又有很多人先后赴欧美留学学习兽医专业。但是当时国内的条件还不能让学成者发挥作用,返回国内的不过数十人。1924年,"北平中央防疫处"成功首创马鼻疽诊断技术和狂犬病疫苗,从那以后,广西、四川、浙江和江西等地有关机构以及抗日战争期间设

立的军马防治所等，也先后于 20 世纪 30 年代开展了血清研究和疫苗生产，并在抗日战争后方各地建立了各种兽医防疫机构，在兽医生物药品制造和兽疫防治方面取得巨大进步。1936 年，中国畜牧兽医学会成立，先后创办了《中国畜牧兽医季刊》《兽医月刊》等。中国共产党领导的革命根据地于 20 世纪 40 年代在条件十分艰苦的情况下在动物医学领域同样取得了显著的成就，诸如制造牛瘟血清疫苗及分离猪瘟病毒等。1947 年，在晋察冀鲁豫边区建立了北方大学农学院，设置了畜牧兽医系以及专修科，并开展了对于传统动物医学学术的总结整理和研究工作。

可见，一些动物医学技术是伴随着国外家畜（品种）引入而被引入的。直到 1949 年，虽国内受到西方动物医学的影响而出现一些模仿式动物医学，但是仍然没有形成自有的、完整的现代版动物医学体系。

➡➡ 创新发展时期

自 1949 年中华人民共和国成立以来，我国动物医学开始进入总结、创新的发展时期。几十年来，传统动物医学取得了长足的进步，尤其是如今传统动物医学通过自然疗法防治动物疾病和提供绿色动物源性食品受到了全世界瞩目。

1950 年，北京的熊大仕教授等人发起恢复学会活动，逐渐扩大成员队伍，并分布于全国各地，继而各省陆续设置了分会，才促进了现代畜牧兽医事业的发展，至此也开启了传统动物医学蓬勃发展的元年。1956 年，国务院发布《关于加强民间兽医工作的指示》，对传统动物医学制定了"团结、使用、教育和提高"的政策。同年 9 月，首届"全国民间兽医座谈会"在北京成功召开，会议提出"使中西兽医密切结合，把我国兽医学术推向新阶段"的方针，使传统动物医学快速发展。从此，科研、兽医教育机构和学术组织陆续设办，动物医学学者开始系统地收集和梳理各类传统动物医学的著作和经验，秉承着"古为今用，洋为中用""预防为主，防治结合"以及"中西兽医结合"的宗旨，开展研究，总结提高传统动物医学和现代动物医学的学术工作，并取得了新的成就。值得一提的是 1976 年我国传统动物医学的针灸麻醉术首次受邀远赴大洋彼岸的美国进行展示。中国传统动物医学的神奇之术在大洋彼岸成功展示，获得了国际动物医学学者的高度赞誉，这也使得传统动物医学的针灸术在当时掀起了一波学习热潮。业界也涌现出了不少传统动物医学新疗法和方剂，如激光针灸、微波针灸、磁疗、中草药饲料添加剂等。可以说，20 世纪 70 年代末，传统动物医学在发展自身和总

结提高的同时，也为我国乃至世界畜牧兽医事业做出了重要的贡献。

进入 21 世纪后，我国在传统动物医学方面着手提升，开始步入了"中西兽医结合"并取长补短、相互促进、共同发展的新阶段。一是使传统动物医学实现现代化，即运用现代科技和学术对传统动物医学进行系统的整理和研究，并取其精华、去其糟粕，继而实现既能留存中国传统特色又能和现代医学完美融合。二是在与西方动物医学并存的过程中取两医之长、补两医之短，从而得出并形成新的认识、新的理论和新的技术。近年来，随着科技水平的提高，我国动物医学体系已越来越完善，创造了很多的新疗法、新剂型，成功迈入了一个高速创新的发展时期，我国的动物医学正朝着现代化、国际化的方向阔步前进。

▶▶ 动物医学的发展现状

随着社会经济发展水平的不断提升，养殖业的快速发展，环境的持续恶化，加之新发、再发性人兽共患病的频频出现，食品安全问题愈发严峻，人们对于动物医学的认识也发生巨大变化，动物医学的社会作用也愈加重要，

34

逐渐被人们所认可。动物医学不再只是兽医范畴,而是不仅要具有诊治动物疾病的能力,还须掌握一些研究和预防动物疾病的知识,如今更延展到提高动物福利、保障食品安全、维护公共卫生安全、保护环境等诸多方面。兽医工作者们在社会的各个角落坚守着自己的信念,维护着人类、动物与环境的"全健康",可谓一荣俱荣、一损俱损。动物医学的发展现状主要体现在以下几个方面。

➡➡ 我国传统动物医学趋向于现代化、中西结合

中医的特色和优势,主要体现在中药的药效具有整体性,药源具有天然性。中药副作用较小、药效慢,不会对人体造成药物残留从而产生危害。因为中兽医药具有这种传统的优势,所以传统动物医学的前景越来越好,越来越广阔,正在一步步地面向世界发展,走向现代化与国际化,实现中西结合。

中兽医药是具有特色的新一代的动物用药,其特点是优质安全、稳定高效、质量可控、使用方便、现代化且兼具中药特色。其包括了单味、复方和以中药作为主体的中西结合的制剂。最近几年,为了加快中兽医药的现代化进程,提高中兽医药制药行业的整体技术水平,并保证中兽医药质量和治疗疗效的稳定,改进老旧的生产方式,

我们开展了中兽医药新技术的研发，开创制药的新工艺，使用现代化的技术对传统的中兽医药进行全新的二次开发，优选处理的技术设备，要为中兽医药新型开发打下良好的基础，这是兽医药企业与各相关单位最重要的任务之一。这也帮助了中兽医药慢慢进入国际市场，截至目前，我国有许多等待推广和在研发过程中的中兽医药生产工艺和技术。

西医看重局部，中医看重整体，二者都各有优势，也各有不足。中医较为宏观，知识渗透不是很好，而西医则比较微观，容易忽视其在整体内所占的位置与作用。只有取长补短、深入发展、微观与宏观相结合，才能进一步发挥与保持中兽医药的整体特色。中西结合有着许多年的历史，方法不断增多，而且规律也越来越多。

➡➡ 动物医学与人类健康关系密切

人兽共患病是指能在人与动物之间自然传播的疾病，由病毒、细菌、衣原体、立克次体、支原体、螺旋体、真菌、原虫和蠕虫等病原体引起。约 60%的已知传染病属于人兽共患病，而约 75%的新发现的人类疾病来源于动物。

受动物疫情的巨大威胁，2002 年 11 月我国广东省出现第一例"非典"病例,随后全国暴发了"非典"疫情,"非典""SARS""冠状病毒"成为热点词;2003 年 12 月禽流感暴发,亚洲数十个国家和地区相继沦陷,损失家禽上千万只,并有人类感染禽流感致死的案例;2005 年我国四川省出现人感染猪链球菌病例,最近几年新冠病毒蔓延全球,并且已经夺走上百万人的生命。这些危及人类生命健康的传染病接踵而至。随着全球化进程加快,旅游业兴起,自然资源进一步开发,越来越多的人兽共患病被发现,它们不仅威胁着人类的生命,而且对人类社会的发展构成了巨大的威胁。世界各国都在密切关注动物疾病的发生和发展,并投入大量精力进行各种科学研究并采取相应的对策。动物医学在防治这些人兽共患病方面做出了不可替代的贡献,如成功发现了人类免疫缺陷病毒等,极大地保障了人类社会的安全。这些经验表明,动物医学工作者在清除和防治这些疾病方面起到了不可估量的作用。动物医学与人类健康之间的关系日趋密切。

➡➡ 动物医学成为现代科学研究体系重要组成部分

在以分子生物学为基础的生物科学和互联网共同迅速发展的背景下,生命科学进行了绝无仅有的创新。动物医学作为生命科学的重要分支,也在逐渐向现代化转

变，其研究方法和内容都和传统的生物医学有着明显不同，特别是随着当今世界先进、尖端技术的介入，动物医学发展迅速，其地位也在逐渐提高。

在公共卫生方面，动物医学的主要任务是执行国家颁布的食品卫生法规，如对肉、蛋、鱼、乳等动物源性食品生产的各个环节进行卫生监督和检查，防止包括人兽共患病病原体在内的动物传染性病原体传播和危害人体健康。

在医疗方面，利用微生物学、免疫学和生物化学的基础知识，以及基因工程技术，生产高效的疫苗、免疫血清和诊断液，使各类家畜免受疾病威胁，实现高密度集约化饲养。

在科研方面，实验动物的应用是生命科学领域研究的重要突破。实验动物涉及生物科学的各个学科，特别是医学和生物学，人类基因组计划、验证药物效果、毒性试验、致癌物质的测试等重要研究均须高质量地使用实验动物进行科学实验。实验动物、仪器设备、信息资料以及试剂已成为现代科学研究的四大基本要素。目前，实验动物的科学条件已被视为衡量一个国家科学技术现代化水平的重要标志。

➡➡ 动物医学正成为人们日常生活的一部分

如今,我国大部分地区的人们对动物的爱护程度相比以前有很大提升。我国建立了很多动物自然保护区,动物保护相关内容也逐渐出现并制成公益广告,这都提高了人们的整体认知,增强了环境保护意识。有关动物保护的法律法规也逐渐建立。动物医学逐渐成为人们日常生活的一部分,大家对动物医学的认识误区也逐渐减少,对动物医学形成新的认知理念。

➡➡ 人们对于动物疾病的认识还远远不足

如前面所提到的,动物医学所涉及的不仅仅是动物疾病的诊治,越来越多动物疾病可以传染给人类,动物疾病传播至人类社会中从而引发重大疫情的状况时有发生,持续给人类社会造成重大的损失。所以,人们对动物医学的重视程度及研究现状都有待加强。

此外,人们对宠物的健康状况要求越来越高,但是宠物医院的诊疗水平与人们的要求并不相符。由于动物与人存在语言交流的限制,动物疾病的诊断还局限于病原学及影像学范围,但是同人类疾病一样,动物疾病的种类远多于已知的类型,人们对于动物疾病的认识还远远不足。

如今，全国多所高校开设了动物医学专业，动物医学的课程设置越来越全面和规范。虽然人们对动物医学的重视程度越来越高，但是动物疾病的拓展范围以及研究深度仍有很大空间，专业高校或科研机构的研究还远远不够，对动物疾病的诊治现状仍有待改观。

▶▶ 动物医学的发展趋势

随着我国动物医学的发展和人们对动物疾病认识的不断深入，动物医学将越来越专业化。在未来，动物医学的发展应重点关注以下几个方面：

➡➡ 动物医学的普及与宣传

目前，对动物医学相关知识的普及还没有达到全社会都了解的程度，一些偏远乡镇地区的人们对动物医学的认识还有待加强。其实，许多动物传染病或疫情的发生就是由于对动物疾病的认识不足造成的，因此我们应加大对动物医学的宣传，使全社会认识到动物疾病的危害和重要性。只有对动物医学及动物疾病有了一定的了解，人们才能够及时发现动物的不适与异常，并进行早期的预防与处理。

➡️➡️ 基础研究与专业拓展的加强

动物医学有巨大的研究潜力，有重要的生物医学意义。但是，人们对动物疾病的研究还不够深入，对动物疾病的认识也十分有限，大多是在发生重大流行病之后才紧急研究，这通常会给人类社会造成巨大损失，给动物带来毁灭性灾难。所以应加强基础研究，因为基础研究对动物疾病的认识、预防、诊断和治疗都具有重要意义。

另外，目前人类医学的分科越来越细，而动物医学的分科却没有那么细致。专业动物医院的科室设置以外科为主，而内科疾病的诊断和治疗都相对落后，其他科别情况更为严重。因此我们应增加动物医学专业的拓展，更细的专业划分，有助于对疾病进行更专业的诊断和治疗。

➡️➡️ 动物医学与人类医学的结合

动物医学被认为是人类医学的实验性临床医学，对其进行研究对理解和改善人类健康有着至关重要的意义。"病理学之父"鲁道夫·魏尔肖（Rodolf L. K. Virchow）曾于1858年指出："在动物医学和人类医学之间没有分界线，更不应该存在分界线。对象不同，但获得的经验构成了所有医学的基础。"如今，将动物医学与人类医学结合研究能将医学从一种学科转化到另一种学科，对

人类和动物健康都能提供进一步的见解。事实证明,与动物医学相结合的病理学和毒理学等科学领域对生物医学研究至关重要。从基础医学到临床、药物和疫苗的研发、评估和应用,都离不开实验动物和动物医学。从动物医学的角度,也应多从人类医学成果中汲取并运用,二者很好地结合将促进两门学科共同发展。

➡➡ 人兽共患病防治的加强

一方面,肉、蛋、奶等畜产品是当今人们日常生活中主要的食物来源,然而这些畜产品从生产到食用的任何一关出了问题都会影响人类的健康。特别是其中一些人兽共患病的病原体直接威胁人类健康。

另一方面,随着生活水平的提高与大家庭制的瓦解,宠物饲养逐渐兴起,养宠人数不断提升,小朋友与老年人常以宠物为伴。宠物作为人类的伴侣在动物医学事业中占有十分重要的地位。但值得注意的是,目前已知有多达几十种宠物与人的共患疾病,如狂犬病、布鲁氏菌病和各种寄生虫病等。然而,很多宠物主人并不能做到定期为宠物进行必要的疫苗接种和驱虫,这给公众健康和安全造成很大的隐患。

因此,在提升动物医学水平的基础上,还要加强对人兽共患传染病的宣传与防治。对这些与人类接触密切的宠物的疾病进行良好的控制，是保证人类身体健康的重要基础，否则将对公众健康造成潜在的威胁。

➡➡ "全健康"理念的传播

动物医学在生态系统健康领域扮演着领导角色，处于人、动物和环境三者的交界处。因为动物与人类共享自然环境，所以动物是解决环境和公共卫生问题的有效哨兵，而动物医学则是维护人类健康的第一线观察站。

近年来，随着人类生存活动空间扩大、自然环境改变等，病原体逐渐适应并寻找新的生态位，感染新宿主。之前一些地域局限性流行病逐渐扩散。21世纪以来，"全健康"的理念逐渐形成，"全健康"将人类、动物和环境三者的健康统合为一个健康整体，即所谓的"One world, one health"。陈国强院士在"全健康"专题研讨会上指出："中国能够、也必须大力发展'全健康'科学研究，为人类健康命运共同体做出贡献。"在新时代，我国动物医学应继续大力推动"全健康"理念的传播，关注全球大健康问题，使科学研究跨学科、跨地区、跨部门，为构建全人类健康命运共同体贡献中国力量。

传统动物医学在悠久的历史长河中以辉煌成就赢得

了社会的认可和欢迎。如今,随着经济和科学技术迅速发展,动物医学在社会发展中逐渐发挥着更重要的作用,社会对动物医学的要求也变得越来越高。

在传统观念中,对动物医学的理解局限在兽医学的范畴。其实,近年来我国的动物医学研究已经从服务于畜牧业扩展到诸多领域,在生命科学的各个领域中扮演着越来越重要的角色。但同时动物疫病的流行特征和发展趋势也发生了明显的变化,输入性疾病、食品安全、生物安全及人类健康等问题日益突出。因此,面对新挑战,我们需以"全健康"的理念跨领域、跨区域地开展动物疫病的监测、防控等研究,传统的动物医学已经不再满足当前的需要。传统动物医学要借鉴西方发达国家的成功经验,然后,对中国自身的传统动物医学取其精华,去其糟粕,与时俱进,发展具有中国特色的实验动物医学。中西动物医学相结合,可以为动物疾病提供完善、合理的防治。改革人才培养模式,使动物医学的知识结构和能力符合现代社会的要求,使得中国的动物医学可以在国际舞台上大放异彩,为动物医学的发展、药物开发乃至人类的健康做出贡献。

动物医学科普知识
——浩瀚的知识海洋

> 萧索空宇中,了无一可悦! 历览千载书,时
> 时见遗烈。

——陶渊明

▶▶ 动物医学基础知识

➡➡ 血液是由什么组成的?

血液是由血细胞和血浆组成的。血细胞分为红细
胞、白细胞和血小板。血浆由水分、白蛋白、球蛋白、电解
质、酶类以及凝血因子等组成,其中水分约占 90%,血浆
的 pH 稳定在 7.4 左右。

➡➡ 血细胞的分类及其功能有哪些？

　　血细胞来源于骨髓的多能造血干细胞，在干细胞因子的诱导下形成两大分化途径：一类是髓样干细胞谱系；另一类是淋巴样干细胞谱系。髓样干细胞谱系在各种不同的细胞因子诱导下进一步分化为红细胞、血小板、嗜中性粒细胞、嗜酸性粒细胞、嗜碱性粒细胞以及单核细胞等。淋巴样干细胞谱系在各种不同细胞因子诱导下进一步分化为 T 淋巴细胞、B 淋巴细胞以及自然杀伤细胞等。

　　血细胞中数量最多的是红细胞。红细胞中含有血红蛋白，血红蛋白中含有血红素，血液是呈鲜红色的。成熟的红细胞没有细胞核和细胞器，呈双凹盘形，少数呈椭圆形，这样的形状使其表面积最大化。红细胞携带氧，将氧从肺脏运送到组织，将组织中的二氧化碳运送到肺脏呼出体外。血小板参与血液凝固过程。嗜中性粒细胞参与炎症反应、抵抗感染。嗜酸性粒细胞参与抗寄生虫反应。嗜碱性粒细胞参与机体的过敏反应。单核细胞如果移行到组织中，则成为巨噬细胞，两者都可以吞噬病原体，抵抗感染。杀伤性 T 淋巴细胞参与细胞免疫反应。B 淋巴细胞合成和分泌抗体，参与体液免疫反应，但在很多传染病的抗感染免疫中需要辅助性 T 淋巴细胞的辅助。自然杀伤细胞参与抗体依赖细胞介导的细胞毒作用，对靶细胞进行杀伤。

➡️➡️ 什么是微生物？微生物分为哪几类？

微生物：形体微小，肉眼看不见，必须借助光学显微镜或电子显微镜才能观察到的微小生物。

微生物分类：原核细胞型微生物、真核细胞型微生物以及非细胞型微生物。其中，原核细胞型微生物包括细菌、放线菌、支原体、衣原体、立克次氏体以及螺旋体；真核细胞型微生物为真菌，包括霉菌、酵母菌和蕈菌；非细胞型微生物包括病毒、亚病毒以及朊粒。原核细胞型微生物缺乏细胞核的核膜，只有细胞核样的物质；真核细胞型微生物具有完整的细胞结构；非细胞型微生物不具有细胞结构。细菌可以在人工制备的培养基中生长繁殖，需要满足碳素营养、氮素营养、无机盐、水分以及生长因子等因素。而非细胞型微生物不能在人工制备的培养基中生长，只能在活细胞中生长。细菌的增殖被称为繁殖，以二分裂法进行；而病毒的增殖被称为复制。

自然界中的细菌种类繁多，但能引起人和动物疾病的只是其中很小的一部分。将细菌用革兰氏染色法进行染色，然后在显微镜下观察，被染成蓝紫色的为革兰氏阳

性菌,被染成粉红色的为革兰氏阴性菌。革兰氏阳性菌和革兰氏阴性菌对抗生素的敏感性有所不同。根据细菌的外形,可将细菌分为球菌(例如金黄色葡萄球菌)、杆菌(例如埃希氏大肠杆菌)以及螺旋菌。按照病毒的核酸,可将病毒分为 DNA(脱氧核糖核酸)病毒和 RNA(核糖核酸)病毒,而每一类又有双链和单链之分,即双链 DNA 病毒、单链 DNA 病毒、双链 RNA 病毒以及单链 RNA 病毒。这些方面的知识将在兽医微生物学的课程中详细学习。

➡➡ 什么是感染？什么是传染?

感染:病原微生物以及寄生虫突破机体的防御屏障侵入机体,在机体内增殖,并对机体造成一系列病理损害的过程。

传染:病原微生物侵入机体,在机体内增殖,引起机体感染发病,机体向外界排出病原微生物,进而感染其他个体的过程。

➡➡ 什么是菌血症、病毒血症、毒血症、败血症、脓毒败血症?

菌血症:细菌进入血液循环,但没有进行生长繁殖,只是一过性经过血流,没有造成病理损害。

病毒血症：病毒进入血液循环，但没有进行增殖，没有造成病理损害。

毒血症：细菌侵入机体某部位，不进入血液循环，但产生的外毒素进入血液循环。

败血症：细菌进入血液循环，并进行生长繁殖，对机体造成全身性病理损害。

脓毒败血症：化脓性细菌进入血液循环，引起败血症的同时，也使很多组织、器官出现化脓性病灶。

➡➡ **什么是抗原？构成抗原的条件有哪些？**

抗原：能够刺激机体产生致敏淋巴细胞和特异性抗体，并能与之结合发生特异性免疫反应的物质被称为抗原。前者被称为抗原的免疫原性，后者被称为抗原的反应原性。

构成抗原的条件：异物性、化学性质、大分子物质、复杂的空间结构、物理状态以及进入机体的途径。异物性是指与机体自身相异的物质，例如异种动物的组织成分是良好的抗原，而且种系关系相差越远，抗原性越好。同种异体之间的组织成分构成同种异体抗原。自身的组织成分，例如眼球晶体蛋白、睾丸组织，从未与血液循环接

触过，一旦进入血液循环，便成为自身抗原。在化学性质方面，蛋白质的抗原性比多糖的抗原性好，多糖的抗原性比核酸的抗原性好。大分子物质是指分子量一般在10 000以上，具有复杂的空间结构，在机体内稳定，不容易被降解的物质。物理状态是颗粒性还是可溶性会影响其抗原性，进入机体的途径是静脉注射还是经口途径也影响其抗原性。细菌、病毒和真菌等各种微生物对人和动物机体来说都具有良好的抗原性。

➡➡ **什么是抗体？抗体分哪几类？**

抗体：由抗原刺激机体产生的特异性免疫球蛋白。

抗体分类：IgG、IgM、IgA、IgD以及IgE。其中，IgG是单体，约占血清中抗体总量的75％，是机体抗感染的主力军；IgM是五聚体，五个单体靠J链（连接链）连接而成，出现得最早，是机体抗感染的先锋军；IgA分为血清中的单体和分泌型的双聚体，单体的IgA功能与IgG一样，双聚体的IgA也靠J链连接而成，在被分泌到黏膜表面时，与黏膜组织细胞合成和分泌的分泌片结合，保护了双聚体的IgA不被黏膜表面的蛋白酶降解，使双聚体的IgA在局部免疫中发挥重要作用；IgD是单体，是B淋巴细胞成熟的表面标志；IgE也是单体，在血清中含量甚微,参与机体的Ⅰ型过敏反应,例如药物过敏和花粉过敏等。

➡➡ **什么是保护性抗体?**

抗体 IgG 与侵入机体的病毒结合,阻止病毒与组织细胞结合,这种作用被称为抗体的中和作用,即病毒被中和,抗体被称为中和抗体。由于中和抗体抵抗了感染,保护了机体,所以它被称为保护性抗体。同样,IgG 与细菌产生的外毒素结合,阻止毒素与敏感组织细胞结合,毒素被中和,细胞被保护起来,这种作用也被称为抗体的中和作用。对猪瘟、高致病性猪蓝耳病和口蹄疫,用疫苗免疫接种之后所进行的免疫状态的监测,主要就是检测这种能够中和病毒的、具有保护作用的 IgG 抗体。

禽流感病毒和新城疫病毒都能够凝集鸡的红细胞,但这种特性可以被相应的特异性抗体所抑制,也就是抗禽流感病毒的抗体与禽流感病毒结合,阻断了其凝集红细胞的特性;抗新城疫病毒的抗体与新城疫病毒结合,阻断了其凝集红细胞的特性,这种抗体被称为血凝抑制抗体,这种抗体也是保护性抗体。对高致病性禽流感和新城疫用疫苗免疫接种之后所进行的免疫状态监测就是检测这种血凝抑制抗体。

动物医学科普知识——浩瀚的知识海洋

→→ **什么是血清学实验技术？**

抗体与抗原之间的结合是高度特异性的，就好像一把钥匙只能开一把锁一样。很多免疫学实验技术都是根据抗原与相应抗体之间的特异性结合建立起来的。因为抗体存在于血清当中，血清是血液凝固之后，血浆中除去纤维蛋白原和凝血因子的淡黄色透明液体，所以在体外进行的抗原抗体反应，常常用血清代替抗体进行实验，这些实验技术就被称为血清学实验技术，广泛应用于传染病的诊断、免疫状态监测以及病原微生物的鉴定等方面。血清学实验技术包括：凝集性反应、沉淀反应、抗体标记技术、有补体参与的反应以及中和试验。例如，监测鸡群的高致病性禽流感和新城疫的抗体水平，即免疫状态，所应用的血球凝集抑制（HI）试验属于凝集性反应。监测猪、牛、羊口蹄疫，猪瘟，高致病性猪蓝耳病的抗体水平，即免疫状态，所进行的酶联免疫吸附测定（ELISA）试验应用的技术，属于抗体标记技术中的免疫酶技术。

抗体是蛋白质，是由多肽链构成的，例如，IgG 是由 4 条多肽链构成的，2 条相同的轻链和 2 条相同的重链，通过链间二硫键连接。因此血清使用时需要避免反复被冻融，否则血清容易被破坏，血清需要在零下 80 摄氏度下保存。正常的血清必须是淡黄色、透明的液体，如果浑浊了，说明已经被污染和腐败变质。

➡➡ 什么是生物制品？兽医生物制品种类有哪些？

生物制品是利用动物、植物、微生物的某种成分或其代谢产物制备的用于传染病预防、诊断、治疗或某种医学目的的制品。

用于动物的生物制品即兽医生物制品，包括疫苗、抗病血清、诊断制品、副免疫产品及微生态制剂等。其中疫苗是用于免疫接种预防传染病的；抗病血清是用于治疗传染病的；诊断制品是用于诊断疾病、鉴定病原微生物、监测免疫状态的；副免疫产品是用于增强机体免疫应答反应的；微生态制剂是作为饲料添加剂，用于增强机体抗病力、增强机体免疫力的。

➡➡ 什么是疫苗？动物疫苗种类有哪些？

疫苗：由病原微生物、寄生虫及其组分或其代谢产物制备的，能够刺激机体产生自动免疫和预防疾病的物质。这里的自动免疫是指抗体是机体产生的，而不是被动获得的。有些物质能刺激机体产生自动免疫，但不能预防疾病，就不是疫苗；而有些物质在给机体注射之后能够预

防疾病，但不能刺激机体产生自动免疫，也不是疫苗。

动物疫苗的分类：弱毒疫苗、灭活疫苗、类毒素疫苗、亚单位疫苗、基因工程疫苗、DNA 疫苗等。

其中，弱毒疫苗又被称为活疫苗，因为微生物是活的，但其毒力是被减弱的，弱到不能使机体发病，但具有足够的免疫原性，可刺激机体产生特异性免疫应答反应。但病原微生物的免疫原性与其毒力之间呈正相关，即毒力越强，其免疫原性越好。用于制备弱毒疫苗的毒株，或者是从自然界筛选得到的，或者是通过人工方法致弱获取的。弱毒疫苗制备的成本比较低，而且既可以刺激机体产生局部免疫反应，又可以刺激机体产生全身系统性免疫反应。但其缺点是具有毒力返强的风险，即微生物的返祖现象。运输需用冰袋包裹，尽量保持在零下 15 摄氏度储存，尽量缩短运输时间。灭活疫苗的优点是没有毒力，使用安全，便于运输和储存，2～8 摄氏度储存为宜，但缺点是成本比较高。类毒素疫苗是利用细菌产生的外毒素经过脱毒处理制备的。亚单位疫苗、基因工程疫苗以及 DNA 疫苗等属于现代生物技术疫苗。弱毒疫苗、灭活疫苗和类毒素疫苗为传统的疫苗。猪用的疫苗常用肌肉注射进行免疫接种，而鸡用的疫苗可以用滴鼻、点眼、肌肉注射、皮下注射、腋下刺种、饮水以及气雾等方法进行免疫接种。每一种疫苗的免疫接种应严格按照其产品说明书进行。有关疫苗方面的知识将在兽医免疫学和兽医生物制品学的课程中详细学习。

➡➡ 用于生产弱毒疫苗的弱毒种是如何得到的？

病原微生物的毒力是弱的，弱到不能使机体发病，但必须保留良好的免疫原性，可刺激机体产生足够的保护性免疫力。获得弱毒株的方法有：从自然界中筛选；通过物理或化学方法使其毒力致弱；通过非易感动物或细胞连续传代使其毒力减弱；通过基因工程技术对其基因加以改造使其毒力减弱。用于制备、生产疫苗的毒种必须经过一系列的微生物学鉴定，包括毒力、免疫原性、生理生化特性以及培养特性等。

以非易感动物致弱为例进行说明，猪瘟病毒对猪是病原性很强的病毒，猪感染后发生猪瘟，但该病毒对家兔没有病原性。这样，将猪瘟病毒接种给家兔，进行连续传代，病毒的毒力就逐渐减弱了。当其毒力弱到不能使猪发病但保留有良好的免疫原性时，可用于制备疫苗，即猪瘟兔化弱毒疫苗。

➡➡ 如何使用疫苗给动物进行免疫预防接种？

首先要制定科学合理的免疫程序。免疫程序的制定必须把我国农业农村部规定的进行强制免疫的疫病包括在内。免疫程序的制定要考虑如下因素：本地区的疫情、疫病本身的流行病学特点、机体母源抗体的干扰及各种不同疫苗的类型与功效。

首先，制定某种传染病的免疫程序，包括免疫接种的时间和疫苗种类的选择，要考虑该传染病在本地区流行是否严重，如果比较严重，首次免疫接种的时间安排就应适当调整。疫病本身的流行病学特点也要考虑。比如，鸡痘是鸡的一种病毒性传染病，通过蚊蝇可帮助其在鸡群中传播，蚊蝇是它的传播媒介。因此，鸡痘的免疫接种时间就应该安排在夏季蚊蝇滋生季节到来之前一个月，使机体产生足够的保护性抗体。有些传染病多发于秋末冬初季节更替时期，免疫接种就应该使动物在秋末冬初到来之前已经产生足够的保护性抗体才行。

动物出生前后从母体获得的抗体被称为母源抗体，会对疫苗的免疫接种产生干扰作用。所以，首次免疫接种要等到母源抗体降低之后。仔猪出生后通过吃母体的初乳获得母源抗体，所以，猪瘟疫苗的首次免疫接种最好在断奶之后进行。鸡雏出生之前和出生之后的几天里从卵黄中获得母源抗体，所以，新城疫、传染性支气管炎、禽流感等的首次免疫接种最好在鸡雏1周龄之后进行。

疫苗的类型与功效也是制定免疫程序必须要考虑的因素。例如，需要用的是中等毒力的弱毒疫苗，还是弱毒力的弱毒疫苗？是灭活疫苗，还是现代生物技术疫苗？口蹄疫病毒有A型、O型、C型、南非Ⅰ型、南非Ⅱ型、南非Ⅲ型以及亚洲Ⅰ型共7个血清型，对应的亚型依次为32、11、5、7、3、4、3，各血清型之间没有交叉免疫。例如，用A型疫苗免疫接种产生的抗体对O型或其他型不能起到保护作用。所以，购买口蹄疫疫苗时一定要选用与本地区流行的血清型一致的疫苗才行。

如果按照制定好的免疫程序到了进行免疫接种的时间，动物发病了，处于疾病状态，就应该先进行疾病治疗，等到动物恢复到健康状态再进行免疫接种。对鸡群进行饮水免疫时，饮水中不应含有漂白粉或其他消毒剂。应使用塑料容器稀释疫苗，不要使用金属容器，因为金属容器表面的金属离子对疫苗具有破坏作用。由于鸡群的饮水量随不同日龄、不同体重以及不同季节而有所不同，所以，应事先计算好鸡群的饮水量，再稀释疫苗。

冻干状态的弱毒疫苗在使用时应检查疫苗瓶是否完好无损,瓶塞是否裂开而失去真空状态。应使用专用的稀释液进行稀释,稀释之后检查是否呈均匀悬浮液状态,是否有结块或异物。灭活疫苗使用前应检查是否有分层现象。免疫接种之后应观察动物是否有任何不良反应。

在猪的免疫程序中,生长育肥猪、后备公猪、后备母猪以及经产母猪的免疫程序各不相同。种鸡群的祖代、父母代、商品代、肉鸡、蛋鸡的免疫程序各不相同。仔牛、后备公牛、后备母牛和经产母牛,它们的免疫程序也都各不相同。

由于各种病原微生物在不断地遗传进化,包括微生物学特性、基因序列、病原性以及毒力等都在发展变化之中,动物传染病的流行病学也在不断地发展变化,所以,任何免疫程序都不是固定不变的,需要不断地更新和完善,以便对各种传染病进行有效预防和控制。这些方面的知识,将在兽医免疫学、兽医生物制品学以及兽医传染病学的课程中详细学习。

➡➡ 畜禽传染病的免疫预防接种分为哪几种情况?

有组织地定期免疫接种:所有畜禽在养殖过程中按

照免疫程序依次进行免疫接种,以达到预防相应的传染病的目的。

环状预防接种:当发生重大动物传染病时,按照《中华人民共和国动物防疫法》采取相应的措施。沿着以疫点为圆心划定的疫区和受威胁区的环状带对未发病的动物进行紧急预防接种。

紧急预防接种:在疫区和受威胁区内为发病的动物进行紧急免疫接种,但不一定呈环状。

屏障预防接种:当相邻地区发生某种动物传染病时,沿着相邻界线对周边的动物进行相应的免疫预防接种,以防止该传染病从污染区侵入洁净区。

➡➡ 使用动物疫苗免疫接种之后,机体产生抗体的一般规律是什么?

动物首次免疫接种之后,需要 7~10 天的阴性期才开始产生抗体,但抗体总量低,持续时间短。间隔 3~4 周后须进行第二次免疫接种,产生的再次免疫反应的阴性期短,2~3 天开始产生抗体,抗体总量比第一次的高,持续时间也比第一次的长。间隔 2~3 个月后,进行第三次免疫接种,第三次免疫产生的抗体持续时间更长。所

动物医学科普知识——浩瀚的知识海洋

以，很多传染病都需要多次免疫接种。另外，定期的免疫状态监测是非常重要的。这方面的知识将在兽医免疫学的课程中详细学习。

▶▶ 动物疾病与人类健康

➡➡ 动物疾病能传染人类吗？

人兽共患病是指可在脊椎动物和人之间自然传播的疾病，包括传染病和寄生虫病。病原体可分为病毒、细菌、衣原体、支原体、立克次氏体、真菌、螺旋体以及原虫和蠕虫等寄生虫。因此，动物医学与人类健康紧密相关，对人兽共患病的防控需要人医与兽医相互配合，以便更加及时有效地应对突发公共卫生事件。

➡➡ 突然被狗咬伤了该怎么办？

狂犬病是一种人兽共患病，它的病原体是狂犬病病毒，所引起的狂犬病用药物治疗无效，必须通过疫苗免疫接种进行预防。犬唾液中携带的狂犬病病毒可通过伤口感染人。不仅感染的或发病的犬唾液中含有狂犬病病毒，大约30％正常犬的唾液中也含有狂犬病病毒。而唾液中的病毒通过咬伤的伤口感染侵入机体是狂犬病最常见和最主要的传播方式。人一旦被狗咬伤了，或被狗抓伤了,尤其是抓伤之后又被狗舔了伤口,应尽快到县级及以上卫生防疫部门注射狂犬病疫苗。如果伤口比较深,还应在 24 小时内注射破伤风抗毒素血清。因为破伤风是由破伤风梭菌引起的细菌性传染病。破伤风梭菌是一种厌氧菌,在没有氧气的环境下生长繁殖。如果伤口比较深,容易造成厌氧环境,所以不要包扎,应保持创口开放。

正常健康的犬在 3 月龄须注射狂犬病疫苗,免疫状态可维持一年时间,然后每年须注射一次,以加强免疫。

狂犬病病毒和破伤风梭菌感染人体后都是侵害机体的中枢神经系统,有效预防这两种传染病,了解和掌握狂犬病病毒和破伤风梭菌的生物学特性和致病作用是非常必要的,而这些都将要在一门专业基础课——兽医微生物学的课程中学习。由此可见,学习好专业基础课是非常重要的。而狂犬病的病原学、流行病学、临床症状、病理变化、诊断、预防等知识将在两门专业课,即兽医传染病学和人兽共患病学中学习。

➡➡ 禽流感病毒能感染人类吗?

禽流感病毒主要感染禽类,但有些亚型也可感染人类。能够感染人类的禽流感病毒的亚型主要有 H5N1、

H7N7 以及 H9N2 等。其中，H5N1 亚型感染人类造成的病情重，病死率较高。高致病性的 H5N1 禽流感病毒被世界卫生组织认为是具有在人类群体中引起大流行病情隐患的亚型。我国农业农村部将高致病性禽流感列为一类动物疫病。

➡➡ **牛结核病菌能感染人类吗?**

牛结核病菌是会感染人类的。引起牛结核病的病菌是牛分枝杆菌，在显微镜下观察牛分枝杆菌，其形态呈现杆状、细长、略弯曲，有时呈现出分枝或丝状体，所以被称为分枝杆菌。养牛业者必须对牛定期进行结核病的检疫，发现阳性的牛必须及时淘汰。刚挤出来的新鲜牛奶必须进行消毒。牛感染牛结核病菌之后，一种情况是发病了，表现出临床症状，这种情况容易被及时发现；另一种情况是感染了不发病，不表现出临床症状，成为阳性带菌牛。当机体抵抗力下降时，可转变成发病状态，成为开放期，通过呼吸、打喷嚏、咳嗽向外界排出病菌污染环境，感染其他的牛。因此，定期检疫，发现阳性的牛及时淘汰是至关重要的。每年检疫两次，在春季和秋季应用结核菌素进行检疫，检疫的机理是基于一种迟发型变态反应。牛结核病属于我国农业农村部划定的二类动物疫病，一旦发现,应遵照《中华人民共和国动物防疫法》采取相应的措施。有关结核病菌、检疫以及结核病防治方面的知识将在兽医微生物学、兽医免疫学和兽医传染病学的课程中详细学习。

➡➡ 动物的口蹄疫病毒能感染人类吗?

口蹄疫病毒可感染猪、牛、羊等七十多种偶蹄类动物,同时也可感染人类。人主要通过接触患病动物病变部位的水泡液、唾液、尿液以及乳汁等造成感染。值得注意的是,患有口蹄疫的猪、牛、羊的肉不要食用,应到正规超市购买经过严格肉品卫生检疫的肉。口蹄疫属于我国农业农村部划定的一类动物疫病,一旦发现,应遵照《中华人民共和国动物防疫法》采取相应的措施,包括封锁、隔离、消毒以及无害化处理等。口蹄疫是我国农业农村部规定的要求进行强制免疫的动物疫病,免疫接种之后还要对动物进行定期的免疫状态监测和病原学检测。

➡➡ 猪链球菌能感染人类吗?

猪链球菌是能感染人类的,主要是通过皮肤伤口感染。发生感染时,应及时到医院进行治疗。患病猪的肉不要食用,应到正规超市购买经过严格肉品卫生检疫的猪肉。猪链球菌病属于我国农业农村部划定的二类动物

动物医学科普知识——浩瀚的知识海洋

疫病，一旦发现，应遵照《中华人民共和国动物防疫法》采取相应的措施。

➡️➡️ **猪瘟病毒和非洲猪瘟病毒能感染人类吗？**

猪瘟和非洲猪瘟分别是由猪瘟病毒和非洲猪瘟病毒引起的猪的传染病，会给养猪业造成严重的危害。两者都不是人兽共患病，不会感染人类。尽管如此，也不要食用病死猪的猪肉，应到正规市场购买经过严格肉品卫生检疫的猪肉。这两种疫病都是我国农业农村部划定的一类动物疫病，一旦发现，应立即上报，遵照《中华人民共和国动物防疫法》采取相应的措施，包括封锁、隔离、消毒以及无害化处理等。

➡️➡️ **什么是寄生虫？**

寄生虫是暂时或永久地在宿主体内或体表营寄生生活的动物。早在几百年前，瑞典生物学家林奈为生物命名后，生物学家们才开始用界、门、纲、目、科、属、种对生物进行分类。我们这里所说的寄生虫隶属于动物界，包含单细胞动物和多细胞动物，其中的单细胞动物属于原生动物门，下设动鞭毛虫纲、孢子虫纲和纤毛虫纲；多细胞生物又分为线形动物门（下设线虫纲）、棘头动物门、扁形动物门和节肢动物门。

➡➡ 寄生虫对人类和动物有怎样的危害？

寄生虫对人类和动物的危害，主要包括其作为病原体引起寄生虫病，以及作为传播媒介引发疾病传播。它看似微不足道，却在历史的长河中一直威胁着人类和动物的生命安全。比如，早在公元前 14—前 11 世纪的殷商时期，甲骨刻辞中就有了疟原虫的"疟"字，这表明 3 000 多年前的中国就已经出现了疟疾这种疾病，但由于当时人们认识能力有限，将其病因称为"瘴气"。直到 17 世纪中叶，荷兰人列文虎克发明了显微镜，为人们打开了微观世界的大门，一些寄生虫的神秘面纱才得以揭开，人们才逐渐意识并发现小小的寄生虫可能给人类和动物带来的潜在危害。

➡➡ 什么是人兽共患寄生虫？

人兽共患寄生虫是指既能寄生于家畜，又能寄生于人体的寄生虫。常见的人兽共患寄生虫主要分为四大类，分别是原虫（如弓形虫）、线虫（如蛔虫）、吸虫（如日本血吸虫）和绦虫（如猪带绦虫）。下面主要选取以上四类常见寄生虫进行介绍。

动物医学科普知识——浩瀚的知识海洋

❖❖ 原虫类：弓形虫、疟原虫、阿米巴原虫、杜氏利什曼原虫

（1）弓形虫——汤姆和杰瑞也许是朋友

相信爱猫人士都听说过弓形虫病，但可能不知道弓形虫的威力有多么强大，它强大到可以让一向势不两立的猫和老鼠成为好朋友。弓形虫的终末宿主是猫科动物，它寄生在猫科动物的小肠内。弓形虫类似卵的卵囊随粪便排出，经过 1～5 天的孢子化发育后才具有感染能力，几乎能传染包括人和家畜在内的所有温血动物。人感染弓形虫病，一般分为先天性和后天获得性两类。多数先天性感染弓形虫病的婴儿出生时可能无症状，但在出生后数月或数年发生视网膜脉络膜炎、斜视、失明、癫痫等。后天获得性弓形虫病的患者病情轻重不一：免疫功能正常的宿主最常见的临床症状为急性淋巴结炎；免疫缺陷者常常有显著全身症状，如高热、斑丘疹、关节痛、头痛、谵妄，并伴随各种脏器炎症等。弓形虫感染老鼠后，会"控制"老鼠的树突细胞，自由地"游荡"在老鼠体内，巧妙地通过"伪装"躲避老鼠的免疫系统，甚至能突破血脑屏障，改变老鼠的多巴胺分泌机制，对老鼠冒险的行为提供多巴胺奖励，让老鼠感受到每一次冒险都无比快乐，从而失去对捕食者的恐惧。这样一来，老鼠就会更容

易被猫捕食，弓形虫由此找到了最终宿主，完成整个生活史循环。原来，不是老鼠不怕猫，而是弓形虫为了完成生命周期而控制了老鼠的行为。全世界有四分之一到二分之一的人曾感染过弓形虫，你是不是感觉这个比例早已超越了我们的想象？然而，在欧美地区，由于人们喜欢吃全生或半熟的食物，导致这些地区的弓形虫病患病比例更高，法国的弓形虫病患病比例甚至达80％以上。

（2）疟原虫——致命的"戒指"

疟原虫是疟疾的病原体，由雌性按蚊通过叮咬人或温血动物传播。可以感染人类的疟原虫主要有恶性疟原虫、间日疟原虫、三日疟原虫、卵形疟原虫和诺氏疟原虫5种，其中诺氏疟原虫既可以感染人类又可以感染猴，诺氏疟原虫最早于1931年在东南亚的长尾猴及猪尾猴中被发现。寄生于鸟类的疟原虫有鸡疟原虫、鹇疟原虫、残疟原虫等，目前有记录的约100种。疟原虫生活史需要经历两个宿主，当雌性按蚊叮咬动物时，按蚊唾液腺中的疟原虫子孢子会随着唾液被注入动物体内，然后通过毛细血管网进入血液循环至肝脏，在肝脏中"暂居"。子孢子会在肝脏中"繁衍后代"，生出"子子孙孙"后将肝细胞涨破。这些子孙后代肩负着父辈们再次壮大家族的"伟大使命"，再次踏上征程，进入血液，并在血液中寻找他们的

新住所——红细胞。在这里，疟原虫将经历环状体期、滋养体期、裂殖体期三个阶段，然后不断涨破红细胞产生裂殖子，再次侵染健康红细胞。如此循环往复若干次后，疟原虫开始进行有性生殖，最终在血液中"抱得美人归"后，等到时机成熟，再一次被前来吸血的按蚊吸入体内，疟原虫就完成了一次完整的生活史。疟原虫刚刚侵入红细胞时（环状体期），会在红细胞内形成纳虫空泡，此时它在显微镜下的形状酷似一枚镶有宝石的戒指，但这枚"戒指"的威力可不简单。疟疾的发作在民间被俗称为"打摆子"。之所以被称为"打摆子"，是因为疟疾典型发作表现为忽冷忽热、出汗退热，反复发作，时而大汗淋漓，时而寒战连连。由于裂殖子不断地入侵并涨破红细胞，宿主的红细胞数量会急剧下降，引发严重的贫血，还会对肝、脾脏功能产生重大损伤，最终会导致死亡。你可能想象不到，这么令人害怕的寄生虫病，防治方法却相当直接、简单，那就是安装蚊帐！当然平时还要注意卫生，灭蚊杀虫，双管齐下，可以轻松地让动物避免蚊虫的叮咬，从而避免感染疟疾。

（3）阿米巴原虫——你的大脑是它的美味佳肴

1875 年，人类首次在人体中发现阿米巴原虫。截至目前,有 9 个不同种属的阿米巴原虫先后被发现。这种原虫大多数寄生在宿主的肠道和肝脏,引发阿米巴痢疾、肝脓肿等症状。但是你能想象寄生虫在啃食你的大脑时的感觉吗? 有一种阿米巴原虫——福氏耐格里变形虫,可以通过人的鼻黏膜进入脑组织,然后人的脑组织就会成为它的"饕餮盛宴"。接着,人会因此失去嗅觉与味觉,头疼、恶心并呕吐,精神错乱,还会引起化脓性脑膜炎,最后人失去的不仅是大脑,还有宝贵的生命。福氏耐格里变形虫又被人们叫作食脑变形虫。食脑变形虫能"吃"人的脑子,是指其进入人脑后沿脑膜向脑中心部位扩散并迅速繁殖,引起化脓性脑膜炎、血管出血和脑实质坏死的现象。到目前为止,在世界范围内有 200 多个福氏耐格里变形虫感染病例,存活下来的不到 10 例。其中,美国一共发病 133 例,仅有 3 例存活,致死率高达 97.7%。虽说在中国正式报告过的不到 10 例,但没有一例存活下来,致死率达 100%。

(4)杜氏利什曼原虫——黑热病的罪魁祸首

杜氏利什曼原虫也是一种常见的人兽共患寄生虫,其易感动物有犬、猫、牛、马、绵羊等哺乳动物。杜氏利什曼原虫的生活史主要分为白蛉体内和哺乳动物体内两个

阶段,白蛉是杜氏利什曼原虫的中间宿主,哺乳动物是其
终末宿主。雌性白蛉的口腔、喙周围大量聚集着杜氏利
什曼原虫前鞭毛体,当白蛉叮刺健康人或其他哺乳动物
时,这些前鞭毛体会随白蛉的唾液进入体内。进入体内
后,一部分杜氏利什曼原虫前鞭毛体被多形核白细胞吞
噬消灭,一部分则进入巨噬细胞。前鞭毛体进入巨噬细
胞后逐渐在巨噬细胞内形成纳虫空泡,在巨噬细胞的纳
虫空泡内,无鞭毛体不但可以存活,而且可以不断进行分
裂繁殖,最终导致巨噬细胞破裂。游离的无鞭毛体又进
入其他巨噬细胞,重复上述增殖过程,动物由此而染上黑
热病。人体感染杜氏利什曼原虫后,可出现全身性症状
和体征。患黑热病初期会出现进行性消瘦和贫血,肝、
脾、淋巴结肿大,腹部因肝、脾肿大而膨出等现象;晚期患
者由于严重贫血,免疫功能低下,感染各种疾病,皮肤颜
色加深并伴有高热,黑热病因此得名,常可导致死亡。人
的爱宠——犬——也有可能感染杜氏利什曼原虫,这种
寄生虫潜伏期可达数周、数月乃至1年以上。病犬早期
都没有明显症状,晚期经常会出现脱毛、皮脂外溢、结节
和溃疡等皮肤损害,尤其以头部(耳、鼻、脸面和眼睛周
围)最为显著。病犬常伴有食欲不振、精神萎靡、消瘦、贫
血及嗓音嘶哑等症状,甚至会死亡。

❖❖ 线虫类：蛔虫、钩虫、鞭虫、旋毛虫

（1）蛔虫、钩虫、鞭虫——肠道中的不速之客

蛔虫、钩虫、鞭虫这"三兄弟"都是寄生在动物和人体肠道内常见的寄生虫。人们感染这几种寄生虫，通常是由于食用或接触了被寄生虫卵污染的未煮熟的食物、水源，这些虫卵在宿主的肠道中发育成成虫，并在那里掠夺宿主的营养以保证自身生长发育，轻则导致宿主营养不良、贫血，重则虫体在宿主体内移行后会穿透肠壁，引发肠穿孔甚至死亡，真可谓动物肠道之中的"不速之客"。想象一下这样的"不速之客"在你的肠道中悠然自得地定居并掠夺你的营养肆意生长的样子，有没有感觉后背发凉呢？

（2）旋毛虫——都是吃肉惹的祸！

"肉不能煮得时间太长，时间太长就老啦！"你有没有在火锅店听到过这样的话呢？日常做菜的时候，你是不是用同一个砧板处理生肉和熟食呢？如果以上两点你都中招了，那么你应该注意了，因为这些行为都会让旋毛虫有机可乘。通常情况下，旋毛虫的囊包可以在动物的骨骼肌中存活 57 天，可在腐肉中存活 2～3 个月，不充分的熏烤或涮食都不足以杀死囊包幼虫。人或动物摄入含有活旋毛虫囊包的食物后，囊包经胃液消化，在十二指肠释

动物医学科普知识——浩瀚的知识海洋

放幼虫,幼虫蜕皮 4 次后发育为成虫。雌雄成虫交配后,雌虫会钻入肠黏膜产出大量新生幼虫。新生幼虫可通过肠静脉进入血液,而后引起一系列疾病,比如持续性高热、斑疹、面部浮肿等症状;一旦新生幼虫随血液循环到达心脏或中枢神经系统,则会引起心律失常、抽搐、昏迷等严重症状,危及人们的生命安全。因此,如果不想被旋毛虫感染,一定要尽量避免食用未煮熟的或来历不明的肉类食品。

❖❖ 吸虫类:肺吸虫、华支睾吸虫、日本血吸虫

（1）肺吸虫——蝲蛄的"好朋友"

肺吸虫,也称卫氏并殖吸虫,卵圆形,背面隆起,体表多小棘。顾名思义,它既可以寄生在人的肺、皮下等部位,也可以寄生在人脑。肺吸虫的第一中间宿主是川卷螺,第二中间宿主是蝲蛄、溪蟹等。如果人们生食或是食用未煮熟的淡水蟹或蝲蛄,就极有可能感染肺吸虫,引起肺吸虫病。这种寄生虫进入人的肺、脑、皮下等部位后,会使人出现咳嗽、血痰、胸痛、腹痛、皮下肿块等病状。日常生活中,我们一定要做到不食生的或半生不熟的蝲蛄和溪蟹。一旦出现该病症状或疑似得病,应立刻前往医院彻底治疗。

（2）华支睾吸虫——要"鱼生"还是要"余生"？

鱼生又称生鱼片，是以新鲜的鱼类、贝类生切成片，蘸调味料食用的食物总称。生鱼片虽然制作简单、营养丰富，但是从卫生角度考虑，如果生鱼片没有经过很好的处理，会成为人们患寄生虫病的根源。在我国，鱼生多取材于淡水鱼类，而淡水鱼的生长环境和海水不同，淡水中存在大量不同的寄生虫。而且，这些淡水中的寄生虫，一般都有在水生植物或动物中寄生的生活史，也就是说——寄生虫在整个生命过程中，可能会更换多个中间宿主，在中间宿主体内等待合适的机会入侵到终末宿主中去才是它的"终极大招"。其中典型的，也是最常见的，就是吃鱼生可能会感染的华支睾吸虫。华支睾吸虫有两类中间宿主：第一中间宿主为淡水螺类，如豆螺、沼螺、涵螺等；第二中间宿主为淡水鱼、虾。人、猫、狗都是它的终末宿主。它的成虫可以寄生于人等肉食类哺乳动物的肝胆管内，待虫体不断繁殖后可引发急性胆囊炎、胆结石、肝胆管梗阻等。严重感染者在感染晚期可造成肝硬化、腹水，甚至死亡。有不少爱吃鱼生的人认为，吃鱼生时只要蘸调料就能够达到既杀菌又杀虫的效果，但通过实验得到的结果却恰恰相反，不管是酱油、芥末还是其他调料，都很难杀死寄生虫，倒是高浓度的白酒在作用半个小

动物医学科普知识——浩瀚的知识海洋

时后会把寄生虫杀死，但是迷恋吃鱼生的人怎么可能把新鲜的生鱼片放入酒里泡半个小时再吃呢？所以还是不要臆想调料可以帮助我们杀虫了。研究证明，在 90 摄氏度的环境下只需要几秒，华支睾吸虫的囊蚴就能被杀死，所以只有吃熟鱼才安全。常吃淡水鱼生的人们要定期进行身体检查。若确诊已感染华支睾吸虫病，则需马上治疗。所以，你是要选择满足味蕾的贪欲而享用美味的"鱼生"，还是选择保证生命的安全而度过安稳的"余生"呢？

（3）日本血吸虫——"千村薛荔人遗矢，万户萧疏鬼唱歌"

炎炎夏日之时，想不想去溪边来一场有趣又凉快的野浴？如果你有了这种想法并付诸实际行动，那你可要小心了，因为你很有可能已经被藏匿在小河里的"吸血鬼"盯上了！这里所说的"吸血鬼"，指的正是日本血吸虫。日本血吸虫病在我国流行了 2 000 多年，持续对人民健康造成严重的危害。"千村薛荔人遗矢，万户萧疏鬼唱歌"，指的正是血吸虫病无情蔓延，危害人民健康的景象。中华人民共和国成立伊始，长江流域人民在中国共产党的正确指导和带领下进行的"灭螺运动"，就是消灭日本血吸虫的中间宿主钉螺，进而根除日本血吸虫而进行的卫生运动。为此，在"灭螺运动"取得显著成果后，毛主席为表达消灭血吸虫病的喜悦之情,而挥笔写下了《七律二首·送瘟神》,形象地描绘了我国劳动人民治山理水、大举填壕平沟、消灭钉螺的动人情景。

在日本血吸虫的生活史中,钉螺的作用显得尤为重要。首先,日本血吸虫的虫卵会在水中孵化成为毛蚴;毛蚴遇到了钉螺后,就会"鸠占鹊巢","霸占"钉螺并在其中继续发育成大量的尾蚴;最后,尾蚴从螺体内逸出后,借尾部摆动,遇到人或易感染的动物而从皮肤钻入,变为童虫并寄生在人或易感染的动物体内。童虫会进入肝内门脉系统继续生长、发育,然后移行到肠系膜静脉定居,逐步发育为成虫并交配产卵,对人或易感染的动物危害逐步加深。日本血吸虫主要通过皮肤黏膜与疫水接触受染。患者多通过在钉螺受染区游泳、洗澡、洗菜、捕鱼、捉蟹等方式感染。感染日本血吸虫后,人体的肠道、肝脏、脾脏等很多脏器都会受到很严重的损伤,并会发展为多种并发症。感染慢性日本血吸虫病时,由于虫卵长期反复地在肝脏及肠壁沉积,肝脏门静脉周围及结肠壁会发生纤维化,导致全身代谢紊乱,甚至会发生体力衰竭、贫血等,并产生影响身体发育等严重后果;感染晚期时,病人极度消瘦,会出现腹水、巨脾、腹壁静脉怒张等严重症

状。患者可随时因门静脉高压而引起食道静脉破裂，造成致命性的上消化道出血而失去生命。所以，我们一定要正确食用螺类或尽量避免接触野外的水源。

✦✦ 绦虫类：猪带绦虫

5 米长的虫子你见过吗？这不是项链，也不是绳子，而是一种能够在你的身体里肆意生长的寄生虫。猪带绦虫，又称猪肉绦虫，一般有 2～3 米长，最长能到达 5 米左右，是我国主要的人体小肠寄生绦虫。其中间宿主主要是猪，囊尾蚴是猪肉绦虫的幼虫，大小如黄豆，为白色半透明的囊状物，多寄生在猪的肌肉、肝脏等器官组织内。生有囊尾蚴的猪肉，俗称"豆猪肉"或"米猪肉"。人摄入未煮熟的并含有囊尾蚴的猪肉后会感染猪带绦虫病。囊尾蚴也会寄生在人的肌肉、脑、眼等处，引起囊虫病。猪带绦虫的成虫主要寄生于人的小肠上段，感染后轻则腹痛腹泻、体重减轻，重则头痛头晕、神志不清、精神障碍、偏瘫和失明。所以，预防猪带绦虫病，我们一定要拒绝食用未经检疫的猪肉，注意饮食卫生，不吃生肉。

➡➡ 既可以感染你的爱宠又可以感染你的寄生虫

随着人们生活水平的提高，宠物越来越多地成为人们的一种陪伴，尤其是一些在大城市独自打拼的年轻人和子女不在身边的老人，甚至有一些父母更乐意选择一些宠物陪伴自己孩子的成长。人们饲养最多的宠物包括犬和猫两种。随着家庭饲养宠物的增多，人与宠物间的"零距离"接触也越来越多。这无疑给人兽共患寄生虫病的传播增加了风险。这里就要给大家讲一讲那些既可以感染你的爱宠又可以感染你的寄生虫。

❖❖ 弓形虫

关于弓形虫我们前面已经讲了一些。这种寄生虫可以导致宠物急性发病或者死亡，而对于我们人类，特别是孕妇，容易导致流产、胎儿死亡等严重后果。应对弓形虫感染，重要的环节还是预防。也许会有人问，怀孕后还可以养猫吗？对于很多家庭，猫就如同家人，成为家中不可或缺的一分子，可是一旦家里的女主人怀孕了，老人和其他家庭成员就会担心：猫是不是会对胎儿有影响？是要孩子还是要猫？猫和孩子能否兼顾？

其实，在备孕或怀孕期间，可以带猫去宠物医院进行相关检查，如果检查结果合格，采取相应的防护或隔离措施是可以养的。另外，不管养不养猫，怀孕后在做初次产检的时候，医生一定会让孕妇进行弓形虫抗体的检测。

那么，应该如何预防弓形虫感染呢？宠物主人一定要注意饮食，肉类要充分煮熟加工，生、熟肉砧板要分开。如果宠物主人在备孕阶段，一定要去医院进行弓形虫抗体的检测，日常保持环境与个人卫生。在猫的日常护理方面也要避免家中的猫吃生肉、喝生水。此外，关于猫的一切事务就尽量交给其他家庭成员做吧，如请家人戴上手套及时清理和清洗猫砂盆；另外，在女主人妊娠期间，最好不要让猫出门，以远离其他潜在的弓形虫卵囊。

通过上面的描述我们可以知道，只要注意宠物和个人卫生，养育宝宝和养宠物并不是"鱼和熊掌不可兼得"，不要总是让自己的宠物"背锅"，更不要因为自身知识不足，而做出不可挽回的憾事。希望大家都能善待身边的小动物们，多学习科学的爱宠养宠知识，做好疾病预防，防患于未然。

❖❖❖ 丝虫

丝虫是一种寄生于淋巴组织、皮下组织或腔膜的寄生虫。犬心丝虫经由蚊子叮咬而传播给宿主，主要宿主是犬，也可以寄生在猫、狼等动物体内。犬、猫感染后以瘙痒和倾向破溃的多发性灶状结节为特征，感染后期会出现呼吸困难、腹水、全身积液等症状，病情严重时会引发尿毒症并导致死亡。一般认为,人体环境不适合犬心丝虫幼虫生长发育,所以犬心丝虫感染人的病例比较罕见。但在 2014 年,我国台湾地区的一则新闻报道了犬心丝虫不仅能在人体肺部存活,还可以长到 2 厘米长,这也警示我们不能忽视犬心丝虫对人类的侵害。

班氏丝虫可引起血丝虫病,俗称"象皮病"。20 世纪前半叶,这种病在我国十分常见,它是一种通过蚊子传播的寄生虫病,会严重破坏人体的淋巴系统,导致人体反复发生炎症。象皮病最典型的症状就是下肢严重肿胀,像大象的皮肤一样又厚又肿。在民间曾经流传着"八人围桌坐,狗子钻不过"的说法,意思是得病的人腿肿得厉害,围坐一起密不透风,就连小狗也没办法钻过,这句民谣看似夸张,却是血丝虫病危害的真实写照。患血丝虫病的人会因为下肢的剧烈肿胀而失去劳动能力,其正常生活受到严重影响。

✤✤ 钩虫

感染犬和猫的钩虫,其成虫主要寄生在宿主的小肠,它们会用尖利的"牙齿"撕开小肠黏膜吸血;不仅如此,它们还会经常更换吸血位置,使伤口流血不止,导致黑便和贫血。钩虫的幼虫十分特别,它们能够穿透宿主的皮肤,

通过血液到达肺部，继而通过气管移行到达小肠，或者在体内移行到达肌肉组织。如果人不注意卫生，或直接接触病犬、病猫的粪便，也可能感染。

犬和猫的钩虫能引发人的皮肤幼虫移行症。这些钩虫的幼虫虽可以穿透人的表皮，却不能更进一步穿透更深层的皮肤，导致幼虫只能在表皮下移行，幼虫移行的轨迹在皮肤上留下了蜿蜒曲折的脊状隆起。移行处又红又痒，一般持续数周到数月，可以继发细菌感染。

除上文所述的体内寄生虫外，若不及时为你的爱宠做好清洁，它们身上的一些体外寄生虫如虱子、跳蚤和螨虫也很有可能在无形中传播给你。所以，如果有人问道："我们是不是还需要给爱宠定期驱虫呢？"答案是肯定的，否则中招的不仅有你的爱宠，还有你，甚至你的家人！幼年宠物一般在出生 20～30 天需进行第一次驱虫，55 天左右需进行第二次驱虫，成年前每隔 2～4 个月都要进行驱虫，成年宠物则一般每个季度要进行一次驱虫。具体时间，主人还需根据宠物的生活环境和身体状况确定，没有一个绝对的标准。但一定要根据药物说明书适度驱虫，并注意休药期，当然，除定期驱虫外，为了爱宠的身体健康，定期接种疫苗也是必不可少的！

▶▶ 动物源性食品安全

➡➡ 牛奶需要进行消毒处理吗？怎样进行？

刚挤出的新鲜牛奶含有一些细菌，由于牛奶营养丰富，这些细菌生长繁殖很快，造成牛奶败坏变质。此外，牛的一些传染病也能感染人类，属于人兽共患病，例如：牛结核病、牛布鲁氏菌病、牛口蹄疫等，阳性带菌、带毒者可污染牛奶。因此，需要对刚挤出的新鲜牛奶进行消毒处理。最早发明牛奶消毒方法的是法国微生物学家路易斯·巴斯德，其理念是杀灭牛奶中的微生物，但尽可能保证牛奶的营养成分不被破坏。第一种方法是将牛奶加热至63摄氏度至65摄氏度，持续30分钟；第二种方法是将牛奶加热至71摄氏度至72摄氏度，持续15秒；第三种方法是牛奶瞬时超高温灭菌（将牛奶加热至132摄氏度，持续1~2秒，瞬间杀灭所有微生物和芽孢），经过这种瞬时超高温灭菌的牛奶可以在常温环境下进行销售、运输和储存。

➡➡ 动物源性食品卫生检验主要检验哪些病原体？

中国有句古语叫作"祸从口出，病从口入"，生活中很多时候我们感觉到身体不适，其实都是因为不注意饮食

卫生或是食用了被病原微生物污染的食物而引起的。动物源性食品是指人类可食用的来源于猪、牛、羊、马、驴、鹿、狗、兔、驼、禽等的肉、乳、蛋和水生动物制品及其副产品。人们喜爱动物源性食品，不仅仅因为它的美味、充饥和御寒功能，更是因为动物源性食品营养丰富，富含优质的蛋白质等营养物质。可是，正是动物源性食品的这个特质，导致它同样受到了很多病原微生物的青睐。动物源性食品中丰富的营养物质，就相当于这些病原微生物的天然培养基，而动物源性食品便成了病原微生物生活的"快乐天堂"，有些病原微生物在繁殖早期并不会让动物源性食品的外观发生明显的改变，可这些食品一旦被食用，那么相应的疾病就会神不知鬼不觉地找上门来，人们的健康也因此受到损害。所以，为了保护人民群众的饮食卫生与安全，每个国家都规定了动物源性食品的卫生检验标准。目前我国对动物源性食品主要检测与控制的细菌有大肠杆菌、沙门氏菌、空肠弯曲杆菌、李斯特菌和副溶血弧菌等；主要检测的寄生虫有猪带绦虫、牛带绦虫、蛔虫、旋毛虫、肉孢子虫、异尖线虫、棘球蚴、曼氏孤虫、肝片吸虫、弓形虫等。你一定想不到吧，为了让美味与食品卫生安全并驾齐驱，香喷喷的动物源性食品在上餐桌之前要经过这么多种病原生物的筛查。所以说，人类健康与动物源性食品卫生安全密不可分。只有各方严格筛查并杜绝非卫生或不安全的因素，才能够让人们更好地利用动物源性食品，健康生活。

→→ 猪肉市场检疫主要检测哪些寄生虫？

　　猪肉是中国人日常生活中需求量最多的动物源性食品，因此，我国猪肉市场检疫较其他国家也更严格。那么，我国猪肉市场检疫主要检测哪些寄生虫呢？

　　首先是旋毛虫。旋毛虫又称旋毛形线虫，是寄生在人体中最小的线虫。你别看旋毛虫小，它的威力可不一般。1897年，瑞典北极探险队队员兴致勃勃地乘坐"飞鹰号"热气球向北极飘去，结果却无一人归来。直到33年后，人们才在北极圈的一处积雪下发现了他们的尸体。专业人员在他们死亡的位置附近发现了大量含有旋毛虫的熊肉，怀疑他们是因为食用了未煮熟的含有旋毛虫的熊肉而死亡。那么，旋毛虫为何能置人于死地呢？

　　旋毛虫的成虫寄生在小肠，雌虫长约3毫米，雄虫长约1.4毫米，宿主因摄入含有活的幼虫囊包的食物而感染。进入胃后，这种囊包在胃中消化酶的作用下解体，幼虫脱囊而出，移行到十二指肠与空肠上段的肠黏膜中，经过一段时间发育重新返回肠腔，在48小时内发育为成

虫。5天后雌、雄成虫开始交配,再过5~7天雌虫子宫后段充满虫卵,虫卵会发育为新生幼虫,新生幼虫会继续侵入淋巴管或小静脉,随着淋巴和血液循环到达全身各部位。想象一下全身各处都被这种可怕的寄生虫寄生的感觉,再健康的人恐怕也是九死一生了!

其次,猪肉中可能含有猪带绦虫的囊尾蚴,这样的猪肉俗称"豆猪肉""米猪肉""米粉猪肉"。人食用了生的或未煮熟的含囊尾蚴的猪肉后,囊尾蚴在人体内发育为成虫,人就会患上猪肉绦虫病。人是猪肉绦虫的唯一终末宿主。猪肉绦虫成虫的头部有吸盘和小钩,这会有助于它吸附在人体的肠黏膜上继而损害人的肠黏膜。狡猾的绦虫不仅会依靠这些吸盘与小钩夺取人体的营养,还会"赖着不走",让人对它束手无策。

最后,弓形虫和肉孢子虫也是猪骨骼肌中常见的寄生虫,同时也是猪肉市场检疫的重点关注对象。

以上猪肉类寄生虫通常会藏匿在猪的咬肌、舌肌、深腰肌、骨骼肌与膈肌中,但只要从正规市场或途径购买猪肉,不吃生肉与半生肉,就可以避免感染猪肉类寄生虫病。

➡➡ 牛肉市场检疫主要检测哪些寄生虫?

改革开放以来,随着我国经济水平的不断提高和畜牧业的飞速发展，牛不再作为一种中国传统意义上的农耕动物，牛肉逐渐以美食的形式被人们端上了餐桌，牛肉的食品卫生安全也逐渐被人们所关注。目前我国牛肉的市场检疫与猪肉的市场检疫大同小异，主要检测的寄生虫有牛带绦虫、肉孢子虫、肝片吸虫等。牛带绦虫主要寄生在牛的咬肌或舌肌处，肉孢子虫主要寄生在牛心肌和骨骼肌处，肝片吸虫主要寄生在牛的肝管处。

总之，不管是猪肉还是牛肉，只要是端上人们餐桌的动物源性食品，都应该经过严格的市场检疫。市场检疫作为动物和动物源性食品检疫的重要一环，是确保合格产品进入消费环节的最后一道防线，应该严格按照《中华人民共和国动物防疫法》执行。

▶▶ 动物疾病防治

➡➡ 动物疾病都有哪些种类？

动物疾病可分为非传染性疾病、传染性疾病和寄生虫性疾病。非传染性疾病包括营养性疾病、代谢性疾病、外科性疾病、中毒性疾病等。传染性疾病按病原种类分为细菌性传染病、病毒性传染病和真菌性传染病。寄生虫性疾病按病原种类分为原虫感染、蠕虫感染和节肢动

物感染。常见的营养性疾病有各种维生素缺乏症,常见的中毒性疾病有霉菌毒素中毒疾病。营养性疾病、代谢性疾病以及中毒性疾病等可以通过良好的饲养管理加以预防。细菌性传染病、真菌性传染病和寄生虫性疾病可以通过药物进行预防和治疗,而病毒性传染病主要通过制定科学合理的免疫程序进行免疫接种加以预防。

➡➡ 我国农业农村部对动物疫病的分类

动物种类繁多,动物疫病的种类也非常多。原中华人民共和国农业部为贯彻执行《中华人民共和国动物防疫法》,于 2008 年 12 月 11 日发布了中华人民共和国农业部公告第 1125 号,对原《一、二、三类动物疫病病种名录》进行了修订。与此同时,废止了 1999 年发布的中华人民共和国农业部公告第 96 号。中华人民共和国农业部公告第 1125 号发布的一类动物疫病包括口蹄疫、猪水疱病、猪瘟、非洲猪瘟、高致病性猪蓝耳病、牛海绵状脑病、小反刍兽疫、绵羊痘和山羊痘、高致病性禽流感、新城疫等 17 种;二类动物疫病包括狂犬病、布鲁氏菌病、炭疽、牛结核病等 77 种;三类动物疫病包括大肠杆菌病、猪传染性胃肠炎、猪流行性感冒、禽结核病、犬瘟热、犬细小病毒病、犬传染性肝炎等 63 种。

→→ 动物不会说话，如何知道动物有病了？

虽然动物不会说话，但是，动物发生疾病时会表现出一系列症状或不正常的状态。饮食方面可能出现食欲减退、食欲废绝、饮水量下降；外观上可能出现被毛逆立、暗淡无光、身形消瘦，黏膜发绀；皮肤可能出现瘀血斑、出血点、出血斑或大面积出血；精神状态方面可能表现出精神沉郁、嗜睡、呆立、对各种刺激反应慢或无反应、焦虑不安或其他神经症状；呼吸系统方面可能出现呼吸困难、喘、咳嗽、打喷嚏、流鼻涕等；消化系统方面可能出现呕吐、腹泻、便秘、腹泻与便秘交替出现、粪便中混有血液等。这些症状被称为临床症状，不同的疾病，其临床症状各不相同。仔细观察动物的临床症状，对于疾病的确切诊断是必不可少的。所以，虽然人类和动物之间不能用语言进行沟通交流，但人们可以通过上述症状来判断动物是否患病。除了上述观察临床表现外，在动物疾病的临床诊疗过程中，还有问诊（询问畜主或饲养者有关饲养管理、动物的各种异常表现等）、听诊以及叩诊等，必要时可采集血液、分泌物和排泄物进行化验室诊断以及借助辅助设备和仪器等进行临床诊断。这方面的知识将在兽医临床诊断学的课程中学习。

➡➡ **动物传染病的传播途径有哪些？**

在传播方式上，动物传染病的传播途径可分为直接接触传播和间接接触传播；在病原体更选宿主上，动物传染病的传播途径可分为水平传播和垂直传播。

直接接触传播：通过易感动物与患病动物的直接接触传播。

间接接触传播：通过接触被病原微生物污染的空气、土壤、饲料、饮水、垫料、用具、人员、非本种动物、节肢动物等传播。

水平传播：病原体更选宿主时，第 1 代和第 2 代宿主没有固定关系。

垂直传播：病原体更选宿主时，通过患病动物或已感染的动物经卵、胎盘或产道将病原微生物传递给下一代。

➡➡ **如何对动物传染病进行诊断？**

在流行病学方面，有些传染病有季节性，秋末冬初季节更替时多发；有些传染病没有季节性，一年四季均可发生。有些传染病幼龄时多发，成年不发生；有些传染病各种年龄均可发生。此外，还要考虑本地区或相邻地区是否存在某种传染病正在流行。在临床症状方面，有些传染病以呼吸道症状为主,有些传染病以消化道症状为主,有些传染病兼有呼吸道和消化道的症状,还有些传染病存在神经症状。在病理变化方面,要看皮肤黏膜、组织、器官等部位是否存在病理变化,有些传染病存在特征性病理变化,有些则没有特征性病理变化。从流行病学、临床症状以及病理变化这些方面,只能做初步诊断。确切诊断需要采用实验室诊断,例如:显微镜、电子显微镜观察到病原体的存在;免疫学技术检测到病原体相应的抗原或抗体;分子生物学方法检测到病原体的核酸;等等。此外,诊断时还应考虑到单独感染或混合感染的情况。这些方面的知识将在兽医传染病学的课程中详细学习。

➡➡ **畜禽传染病发生时应如何采取措施?**

在猪场、牛场、鸡场,如果一开始发病的动物非常少,随着时间的推移,发病的动物逐渐增多,死亡的动物也逐渐增多,这种情况就有可能是暴发传染病。但是,对疾病的确切诊断需要采用相应的方法进行综合判定。对动物传染病的有效控制,需要做到及时发现、及时诊断、及时采取措施。动物传染病发生的条件包括传染源、传播途径以及易感动物。所以,动物传染病发生时应及时隔离患病动物,切断传播途径,对环境进行彻底消毒,对病死

动物进行无害化处理。对于细菌性传染病，往往需要采用抗菌药物进行治疗；对于病毒性传染病，往往需要用疫苗进行紧急免疫接种。传染病发生时，传染源（某种细菌或病毒）侵入，极少数动物先感染发病，表现出临床症状，或出现死亡；还有些动物感染了但不表现出临床症状，处于潜伏期；绝大多数动物还没有被感染，处于健康状态。如果没有及时发现、及时诊断、及时采取措施，处于潜伏期的动物发病，使发病动物的数量越来越多，之前没有被感染的动物就会被感染而处于潜伏期，没有被感染的动物就会越来越少，最后导致全群都感染发病，甚至全群死亡。此外，在诊断时需要注意，由于发病动物机体的抵抗力下降，容易继发感染另一种传染病，出现两种或两种以上传染病混合感染发病的情况。

有些传染病可感染多种动物，还有些传染病也可感染人类，属于人兽共患病。所以，在采取措施控制和扑灭疫情的过程中，人们还需要做好自身防护、生物安全防护等工作。

如果发生的是重大动物疫病，如：农业农村部划定的一类动物疫病，应立即逐级上报，划定疫点、疫区、受威胁区，采取封锁、隔离、扑杀、消毒、无害化处理、紧急免疫接种等一系列措施，及时控制和扑灭疫情。动物疫病发生时,应按照《中华人民共和国动物防疫法》规定分别对一、二、三类疫病采取相应的措施。因此,常规的流行病学调查、病原学检测、科学合理的免疫程序的制定与实施、免疫状态监测、科学合理的综合防疫制度对于有效防控重大动物疫病是非常重要的。这些知识将在兽医传染病学、人兽共患病学的课程中学习。

➡➡ **当发生重大动物疫病时,经过多长时间可以解除隔离封锁?**

当发生重大动物疫病时,应遵照《中华人民共和国动物防疫法》采取相应的控制和扑灭疫情的措施。即使最后一只患病动物被扑杀或痊愈,也要经过该传染病的最长潜伏期后,方可解除隔离封锁。动物传染病的潜伏期是一个范围,如 3~5 天、5~7 天、7~10 天等。高致病性禽流感的潜伏期最长为 21 天,当发生该疫病时,应立即采取隔离、封锁、扑杀、紧急预防接种、消毒、无害化处理等一系列控制和扑灭疫情的措施。当最后一只病禽被扑杀、无害化处理后,还要经过 21 天,方可解除隔离封锁。

➡➡ **如何对口蹄疫、猪瘟、高致病性猪蓝耳病、高致病性禽流感以及新城疫的抗体进行检测?**

对口蹄疫、猪瘟和高致病性猪蓝耳病的抗体检测,常

应用酶联免疫吸附试验（Enzyme-linked Immunosorbent Assay，ELISA）的方法进行；对高致病性禽流感和新城疫的抗体检测，应用血球凝集抑制试验（Hemagglutination Inhibition，HI）的方法进行。

➡➡ **口蹄疫的诊断技术都有哪些？**

口蹄疫是我国农业农村部划定的一类动物疫病，有关口蹄疫诊断技术的采用应遵照由国家市场监督管理总局和国家标准化管理委员会于 2018 年 9 月 17 日发布、2019 年 4 月 1 日起实施的《口蹄疫诊断技术》（GB/T 18935—2018）（以下简称"标准"）。该标准的起草单位为中国农业科学院兰州兽医研究所。该标准详细制定了口蹄疫的临床诊断、实验室诊断样品采集、病毒分离、定型酶联免疫吸附试验（定型 ELISA）、多重反转录-聚合酶链式反应（多重 RT-PCR）、定型反转录-聚合酶链式反应（定型 RT-PCR）、病毒 VP1 基因序列分析、荧光定量反转录-聚合酶链式反应（荧光定量 RT-PCR）、病毒中和试验（VN）、液相阻断酶联免疫吸附试验（LPB-ELISA）、固相竞争酶联免疫吸附试验（SPC-ELISA）、非结构蛋白3ABC 抗体间接酶联免疫吸附试验（3ABC-I-ELISA）以及非结构蛋白 3ABC 抗体阻断酶联免疫吸附试验(3ABC-B-ELISA)等所有的技术标准。

➡➡ **伴侣动物(犬、猫等)需要接种疫苗预防传染病吗?**

犬需要免疫接种的疫苗主要有狂犬病疫苗、六联苗等。狂犬病疫苗需要在幼犬满 3 月龄后首次接种,此后,每间隔 11 个月接种 1 次。六联苗用于预防犬瘟热病、犬细小病毒病、犬传染性肝炎、犬腺病毒感染、犬副流感以及犬钩端螺旋体病。需要接种 3 次,第 1 次可在幼犬 1.5～2 月龄时接种,然后每隔 3 周接种 1 次。

猫需要免疫接种的三联苗主要用于预防猫泛白细胞减少症(猫瘟)、猫杯状病毒感染、猫传染性鼻气管炎等。第 1 年接种 3 次,第 1 次在幼猫 2 月龄时接种,然后每隔 3 周接种 1 次;第 2 年开始,需每年接种 1 次。需要注意,猫也需要接种狂犬病疫苗,在幼猫 3 月龄时接种第一针,以后每年接种 1 次。

▶▶ **趣味动物医学**

➡➡ **你听说过疯牛病吗?**

疯牛病是由朊病毒引起的一种亚急性进行性神经系

统疾病。牛感染发病后会出现焦虑不安、恐惧、狂暴或沉郁等症状，当有人靠近时往往出现攻击行为，这也是称其为"疯牛病"的一个重要原因。又因为患病牛脑组织中常出现空泡，因此疯牛病又被称为牛海绵状脑病。疯牛病潜伏期长，通常在 1 年以上，致死率高，牛发病后几乎百分之百死亡。

疯牛病自 1985 年在英国首次暴发以来，已经在世界范围内蔓延，对全世界的养牛业、餐饮业以及人的生命安全造成巨大威胁。国际兽医部门把它定为一类（A 类）传染病。由于该病危害巨大，又没有特效药，因此，牛得了疯牛病后必须扑杀。

疯牛病属于传染性海绵状脑病的一种，除了疯牛病之外，目前已知的人和动物传染性海绵状脑病还有羊瘙痒病、鹿的慢性消耗性疾病、猫的疯猫病、水貂的海绵状脑病以及人的克雅氏病和新变异型克雅氏病。近期研究表明，人的新变异型克雅氏病与疯牛病是由同一致病因子引起的，因此，疯牛病也会给人类健康和生命安全带来巨大威胁。

➡➡ 动物园为什么禁止用人吃剩下的食物饲喂野生动物？

人和动物之间存在一些人兽共患传染病，二者之间可以相互传播，不仅动物的某些疾病可以传给人类，人的某些传染病也可能传给动物。例如结核病、炭疽、布鲁氏菌病、鼠疫、疯牛病、禽流感、狂犬病等多种人兽共患传染病。以结核病为例，结核病是由结核分枝杆菌感染引起的人和多种动物都可能感染的慢性细菌性传染病。结核分枝杆菌可以感染人体多种器官，其中以感染肺脏最常见，即肺结核病，以前俗称"肺痨"。肺结核患者在开放期时可以通过呼吸道、唾液等分泌物向外排放结核分枝杆菌，人吃剩的食物中可能就含有病原菌，如果将其投喂给动物园里的动物，就会造成动物感染结核分枝杆菌。尤其是儿童，特别喜欢把自己吃过的食物投给猴子等野生动物，这也是动物园猴子结核分枝杆菌感染率高的一个原因。因此，到动物园游玩时，不能用吃剩下的食物饲喂野生动物。

➡➡ 人在野外遇到黑熊如何自救？

众所周知，黑熊俗称"黑瞎子"，是最凶猛的食肉动物之一。人一旦与黑熊离得比较近，遭到黑熊的袭击几乎是九死一生。因此，人遇到黑熊后选择正确的应对方式就显得尤为重要。首先，我们要从黑熊的习性说起。黑熊作为一种独居动物，拥有极强的领地意识，对进入领地

的动物充满了敌意,极具攻击性。通常情况下,一头成年黑熊的领地范围为 10~40 平方千米。其次,雌性黑熊在哺育幼崽期间,护子心切,如果与人相遇,就会主动攻击人,"护犊子"是雌性动物的天性。那么,一旦在野外遇到黑熊,我们该怎么办呢? 第一,"跑"应该是多数人的想法,可是黑熊的奔跑速度可以达到每小时 30 千米,因此,想通过奔跑甩掉黑熊是不可能的;第二,有人说可以上树,但是黑熊也是爬树高手,因此,上树也是不可取的;第三,装死,黑熊连腐肉都吃,因此,装死也不会瞒过黑熊;第四,与黑熊搏斗,黑熊拥有尖利的爪子和牙齿,力量大得惊人,成年的黑熊,其前爪的挥击力足以击断野牛的脊骨,力量之大非人所能及,所以想靠肉搏打败黑熊是妄想。因此,人遇到黑熊跑也跑不过,上树也不行,装死也白搭,搏斗也不可能,那究竟该怎么办呢? 首先,人在野外遇到黑熊时,不要与之发生正面冲突,俗话说得好:"人有三分怕虎,虎有七分怕人。"黑熊也一样,它对人类不熟悉,而且也怕人,因此,遇到黑熊时,不要拿石头或木棒去吓唬和激怒它,否则它就会因自卫而攻击人。其次,遇到黑熊不要转身奔跑,而应该面对着黑熊慢慢地后退,后退几十米后人就安全了,因为黑熊的视力不好,只能看到十几米内的物体,所以黑熊俗称"黑瞎子"。再次,黑熊的嗅觉非常灵敏,可以闻到 1 千米以内的气味,所以选择后退方向时,要选择黑熊所在位置的下风口,这样才能躲开它的嗅觉。最后,一旦黑熊真的向人扑来,人可以选择扔掉背包、外套等物体吸引和分散黑熊的注意力,为逃跑争取更多的时间。

➡➡ 鸡为什么喜欢"金鸡独立"?

"金鸡独立"是鸡的一种放松状态,这与鸡的腿脚结构密切相关。鸡的腿脚有一个锁扣的机关,长有屈肌与筋腱,在放松的时候,脚爪是收紧的,这种生理结构使其脚爪在放松时能够抓紧东西,包括像树枝这类较细的物体,这样鸡即使在睡觉时保持"金鸡独立"一般也不会摔倒。

➡➡ 马为什么习惯站着睡觉?站着睡觉时为什么总是三条腿着地?

站着睡觉与马的生活习性有关。野马在自然环境中,往往成为猛虎、狮子、豺狼等肉食动物的捕猎对象。野马为了迅速及时地逃避食肉者的伤害,无论是白天还是晚上,都需要时刻保持着警惕,即使是夜间,也只站着打盹。因此,即使野马被人驯化了几千年,至今仍保留着站着睡觉的习性。为了让腿得到休息,马在睡觉时始终

是三条腿着地,剩下那条腿以蹄尖轻触地面,保持弯曲状态,使之放松和休息,四条腿轮流放松休息。

➡➡ 你了解狗吗?

狗,学名犬,与猪、鸡、牛、羊、马并称"六畜",俗语所说的"六畜兴旺"指的就是这六种动物。同时,狗也是人的属相"十二生肖"之一。狗是由狼驯化而来的,至今已有几万年的历史,是人类历史上最早驯化的野生动物之一。狗也是人类"最忠实的朋友",更是人类最喜爱的宠物之一,在全世界被饲养的数量最多,被饲养数量达上亿只,它的寿命为 12～20 年。狗的种类繁多,而且各种狗的体形、性情等特点差异很大。体形高的狗可达 1 米多,体重可达 100 千克以上,而体形矮的却只有 15 厘米,体重最轻的只有 1 千克左右;跳得最高的犬可跳过 5 米高的障碍物;跑得最快的犬速度可达每小时 100 千米。我们常见的大型犬有圣伯纳犬、西藏獒犬、德国牧羊犬、高加索犬、大丹犬、格力犬等;小型犬种类繁多,如吉娃娃犬、博美犬、比熊犬、贵宾犬、小鹿犬、八哥犬、京巴犬、西施犬等。

什么样的狗适合做警犬呢? 警犬应为嗅觉敏感、反应迅速、灵活聪明、具有一定奔跑能力和耐力的犬。常用作警犬的品种有德国牧羊犬、罗威纳犬、比利时牧羊犬、史宾格犬、拉布拉多犬、杜宾犬和昆明犬等。

德国牧羊犬,俗称"黑背",是世界上被用作警犬最多的品种。它对主人忠心耿耿,听主人话,而且战斗力极强。

罗威纳犬,生来具有警卫能力,能够执行很多的特殊任务,是世界第一防暴犬,而且对主人忠诚。中世纪时,有钱的商人们为了避免钱财被盗,便把钱袋挂在罗威纳犬的颈部。

比利时牧羊犬,聪明,易于训练,常作为巡逻犬。

史宾格犬,体格清秀、灵活,运动能力和耐力突出,经过训练之后可以承担毒品搜寻工作。

拉布拉多犬,对人友善,忠诚于人,服从命令,聪明,容易训练,适合作为家庭犬和警犬。

杜宾犬,天生警惕性高,攻击力强,最适合看家护院,也适合做警犬,是一种军、警两用犬。

昆明犬,是由我国公安部昆明警犬基地自行培育的犬种,对高原、高温、严寒等气候环境都有较强的适应能力和耐力,广泛用于毒品搜寻、爆炸物搜寻以及边防巡逻等。

动物医学科普知识——浩瀚的知识海洋

有许多食物是不可以给狗吃的，比如巧克力是日常
生活中较为常见的食物，但它对狗而言却无异于砒霜，狗
食入巧克力后会出现呕吐、腹痛、肌肉震颤、心律不齐等
症状，严重者会抽搐死亡。因此，养狗的家庭，巧克力不
能随便存放，一定要放到狗接触不到的地方。

葡萄也不能给狗吃。狗食入葡萄后，会出现呕吐、腹
泻、食欲不振、精神萎靡甚至昏睡的症状，敏感或者体质
弱的狗误食后，可能还会出现肾衰竭现象，严重者几天后
死亡。

洋葱、大葱、蒜等辛辣食物也不宜喂给狗，狗吃了可
引起溶血，甚至出现血尿现象，时间久了会导致贫血甚至
死亡。

此外，海鲜类食品易导致狗出现过敏反应，因此，狗
也不宜吃虾、螃蟹等海产品。

➡➡ 你对大象了解多少？

大象有亚洲象和非洲象两大类，是人类的好朋友，寿
命一般为 70～80 岁。大象妊娠期长达 22 个月，每胎产 1
仔，10～15 岁性成熟。

非洲象分布于非洲东部、西部、中部、西南部和东南部，主要栖息于热带草原和稀树草原地区。非洲象是世界上最大的陆生哺乳动物，体重一般在 7 吨左右，最高体重纪录保持者为一只雄性非洲象，体重 13 吨多；最大的象牙纪录为长 3.5 米，重约 107 千克。

亚洲象分布于中国云南省以及南亚和东南亚地区，生活于热带森林、丛林或草原地带，目前已经成为濒危物种，被列入《国际濒危物种贸易公约》名录，在我国被定为国家一级野生保护动物，目前我国境内仅存 300 余头。亚洲象的智商很高，性情温顺、容易驯化，尤其是在泰国和印度等国家，多用来骑乘、使役和表演等。

➡➡ 陆地上最高的动物是什么？

长颈鹿站立时身高可达 6～8 米，刚出生的幼仔身高就达 1.5 米以上，是世界上现存最高的陆生动物，颈部长度平均为 2.4 米。长颈鹿栖息于非洲热带、亚热带稀树草原、灌丛、开放的合欢林地和树木稀少的半沙漠地带，以树叶及小树枝为主食，属于偶蹄反刍草食动物。长颈鹿的长颈和长腿，有利于热量的散发，是很好的降温"冷却塔"，使长颈鹿能很好地适应炎热的热带草原环境。长颈鹿的寿命一般为 27～30 岁。

长颈鹿的血压也非常高，大约在 300 毫米汞柱（收缩压），是正常人的 2.5～3.0 倍，它需要一颗强大的心脏，才能把血液输送到头颈部，因此，长颈鹿的心脏重达 10 千克以上。

长颈鹿为什么能承受如此高的血压而又不会发生脑出血呢？原因就在于长颈鹿大脑血管的特殊结构。结构是功能的基础，有什么样的结构就可能有什么样的功能。长颈鹿大脑下部的血管是由动脉和静脉的纤细血管相互交织而成的一个奇异网络，该网络进出口处的血管都极其纤细，调节和控制着血液流量，即使在长颈鹿突然低头或抬头时，短期内也不会有过多的血液流入大脑或流出大脑。因此，长颈鹿大脑血管形成的这个奇异的网络就是调控大脑血液流量的"阀门"。

长颈鹿虽然体形高大，但它没有强大的武器防御外敌，常常成为肉食动物的猎物。由于起卧不像小型动物那么迅速、快捷，它更容易被猎杀者捕食，因此，经过长期进化，长颈鹿每天睡眠时间很短，总共只需要 30～40 分钟，而且每次只睡 3～5 分钟，每天多数时间是站立的，便于其观察和逃跑。经研究发现，长颈鹿睡眠习惯与 Per1 和 Per2 基因突变有关。Per 基因，即 Period 基因，Period 基因是生理节奏调节基因家族的主要成员，其中 Per1 和

Per2 基因是生理节奏调节核心基因，Per1 和 Per2 基因的突变，导致长颈鹿睡眠和清醒时间的改变。

➡➡ 动物为什么要冬眠？

　　冬眠也叫"冬蛰"。冬眠是动物对外界不良环境条件（如天气寒冷、食物短缺）的一种适应，是变温动物越过寒冷冬天的法宝，是动物为适应外界生存条件长期进化的结果。温度是动物入眠的外界刺激因素。此外，光照、食物及饮水的供应也影响入眠。冬眠动物全身呈麻痹状态，体温下降，可降到 0 摄氏度左右，呼吸、心跳减弱、变慢，机体内的新陈代谢也变得缓慢，热量消耗大大降低，主要靠消耗皮下脂肪来维持生命，因此，冬眠中的动物体重逐渐减轻。蛇、青蛙、乌龟、蝙蝠、刺猬、土拨鼠等都有冬眠习性。

　　既然环境温度下降是导致动物冬眠的最主要原因，那么，通过逐步升高冬眠动物周围的温度就会逐渐唤醒冬眠的动物，但升温不能太快、太突然，适当的环境和光线刺激会加快冬眠动物的苏醒。比如，生物学家曾把冬眠中的刺猬放入温水中浸泡半小时，冬眠中的刺猬就会苏醒过来。

　　冬眠的动物如果过早醒来，常常因为找不到足够的

动物医学科普知识——浩瀚的知识海洋

食物而饿死，同时因扰乱了它自身生理发育过程，往往也会死亡。

➡➡ 蝙蝠是鸟还是哺乳动物？

蝙蝠虽然会飞，但不是鸟类，而是属于胎生的哺乳动物，也是唯一能够真正飞翔的哺乳动物。全世界共有900多种蝙蝠，是哺乳动物中仅次于啮齿目的第二大类群。蝙蝠体内有数十种病毒，因此它也是多种人兽共患病的天然宿主。

蝙蝠在地球上存在的历史超过8 800万年，总共经历了数十次不同规模的生物灭绝事件，却依然存活得很好。蝙蝠的寿命一般为25～40年。科学家研究发现，蝙蝠是狂犬病毒、MERS冠状病毒、SARS病毒和埃博拉病毒的携带者，甚至是源头，蝙蝠的唾液、血液、粪便及各种分泌物中都含有病毒，但蝙蝠本身却不发病，其原因就是蝙蝠体温高。通常情况下，哺乳动物感染病毒后身体会发生炎症，在这个过程中体温升高，从而对抗病毒复制。蝙蝠也是依靠高体温来对抗病毒，它们飞行时体温高达四十多摄氏度，高体温代替了炎症发热的机制，使得蝙蝠体内的病毒和高体温形成一种平衡机制，因此，蝙蝠虽然携带病毒但不会导致自身发病。

蝙蝠具有极强的回声定位能力,它们发出人类听不见的声波,当声波遇到物体时就会反射回来,由此辨别出这个物体离它们有多远,是静止的还是移动的,从而实现夜间飞行不会被撞到,而且还能精准地捕获食物。

科学家由此受到启示,给飞机装上雷达(Radar),以保证飞机安全飞行。雷达一词来自"无线电探测与定位"的英文缩写;其基本任务是探测感兴趣的目标以及目标的距离、方位、速度等参数。

➡➡ 你知道中国十大一级保护野生动物吗?

中国幅员辽阔,东西、南北跨度大,气候和环境资源丰富,因此动物资源丰富,但有些动物因其价值高而遭到人类的捕杀,数量骤然减少甚至濒临灭绝。让我们看看中国濒临灭绝的十大一级保护野生动物有哪些。

❖❖ 大熊猫

大熊猫是中国特有的动物,被誉为"活化石"和"中国国宝",属于国家一级保护野生动物。我国现存大熊猫约2 000只,它们大多生活在四川,由于外表憨厚可爱,备受人们的喜爱。

❖❖ 华南虎

华南虎分布在中国南部,它是中国特有的虎种,因此也被称为"中国虎"。华南虎现存 110 只左右,其中中国近 20 年只发现 15 只野生的,是中国十大濒危动物之一。

❖❖ 金丝猴

金丝猴生活在四川、陕西、贵州、云南、西藏等地,我国现存约 3 万只。它们毛质柔软,生活于高山密林中,群栖,以野果、树叶、嫩芽为食。

❖❖ 白鳍豚

白鳍豚 2 500 万年前就已经生活在长江中下游及与其连通的洞庭湖、鄱阳湖、钱塘江等水域中,20 世纪 50 年代以后数量急剧下降,有"活化石"之称。

❖❖ 朱鹮

朱鹮,俗称"火烈鸟",古称朱鹭、红朱鹭,在陕西又被称作"吉祥鸟",属国家一级保护野生动物,主要分布于我国黑龙江和吉林等地,我国现存约 5 000 只,是世界上最濒危的动物之一。

❖❖ 藏羚羊

藏羚羊栖息于海拔 3 700～5 500 米的高山草原、草甸和高寒荒漠地带,主要分布于我国的青藏高原地区。经过多年保护,目前我国现存藏羚羊数量约为 17 万只。

✤✤ 麋鹿

麋鹿俗称"四不像",原产于中国长江中下游沼泽地带,20 世纪 90 年代曾在中国本土灭绝,后从欧洲引进并建立自然保护区,目前我国现存约 8 000 只。

✤✤ 扬子鳄

扬子鳄主要分布在安徽、浙江、江西等长江中下游地区。自从中国建立了扬子鳄自然保护区后,扬子鳄的数量在短短 30 年的时间内,由几百头增加到 1 万多头。

✤✤ 褐马鸡

褐马鸡属于中国特产珍稀鸟类,仅分布在中国的山西、陕西、河北省及北京等地,我国现存约 5 000 只。

✤✤ 黑颈鹤

黑颈鹤是中国特产鸟类,主要分布于中国的青藏高原和云贵高原,现存数量约为 1 万只。

➡➡ 我们为什么要保护野生动物?

自然界是由许多复杂的生态系统和生物链构成的,

动物医学科普知识——浩瀚的知识海洋

这些生物链中的各个物种之间关系密切。野生动物是大自然的产物，也是生物链重要的组成部分。它们在大自然中的长期进化过程中，通过食物链，与周边的气候和生物体系形成了千丝万缕的共生关系，共同维护自然界的生态平衡和自然环境的稳定，其中任何一个环节遭受到破坏，都会造成生态失衡，给大自然和人类带来难以承受的后果。例如，1906 年，美国亚利桑那州为了保护当地的卡巴森林鹿群，曾大肆捕杀虎、狼、狮子等肉食动物，鹿群因失去了天敌而大量繁殖，数量剧增导致大量鹿群由于缺少食物而饿死，处于濒临灭绝的状态。20 世纪 50 年代，中国曾因麻雀吃粮食而对其进行大量捕杀，麻雀数量急剧减少，导致某些地区的害虫因失去了天敌而泛滥成灾，大量的农作物和植被被害虫破坏，甚至引起人类的饥荒。

《中华人民共和国野生动物保护法》第六条规定："任何组织和个人都有保护野生动物及其栖息地的义务。禁止违法猎捕野生动物、破坏野生动物栖息地。任何组织和个人都有权向有关部门和机关举报或者控告违反本法的行为。野生动物保护主管部门和其他有关部门、机关对举报或者控告，应当及时依法处理。"

自然界存在着一种可以控制蚂蚁大脑的"小怪兽"，我们叫它双腔吸虫或歧腔吸虫，这是一种主要分布在中国西北、西南、华北、东北和内蒙古等地区的寄生虫。这种"小怪兽"一生中要更换 3 个宿主。在终末宿主牛、羊等动物的体内，双腔吸虫主要以成虫形式存在，寄生在宿主的肝胆管和胆囊中。产卵后，双腔吸虫的虫卵就会随胆汁进入终末宿主的肠道，最后随粪便排出体外。虫卵被第二个宿主（寄生虫学中，我们称其为第一中间宿主）陆地螺食入体内后，逐渐发育成一种像小蝌蚪似的尾蚴，后随陆地螺产卵排出体外。这时，陆地螺卵中的双腔吸虫尾蚴就会向蚂蚁"呼喊"："嘿！兄弟，快来吃我吧，我可美味了！"如果有蚂蚁"上当"，那么这些蚂蚁就会成为双腔吸虫的第三个宿主（我们称其为第二中间宿主），双腔吸虫会在蚂蚁的体内安家并控制蚂蚁的大脑。白天天气炎热的时候，这些蚂蚁的行为与正常蚂蚁无异，到了清晨和傍晚天气凉爽时，双腔吸虫就会引导蚂蚁爬到叶片顶端，一直呆立到第二天早晨，日复一日，直到被终末宿主牛、羊等动物吃草时吞回体内进行新一轮发育。

➡➡ 为什么有些螳螂喜欢"投河自尽"？

你看过电影《铁线虫入侵》吗？相信看过的人再次想到里面的场景一定还有些后怕！实际上,铁线虫确实能寄生于人体,但并没有电影里演的那么夸张、可怕,一般铁线虫只会引起人体尿路感染和一些不明显的消化道症状。然而,大部分的螳螂和蟋蟀就没有我们人类那么幸运了,它们通过摄取被铁线虫污染的水源而被感染。铁线虫一旦寄生在它们体内,就会改变它们脑内的化学成分,控制它们的神经系统。由于铁线虫的幼虫需要在水中完成成长过程,所以等到铁线虫发育成熟至需产卵阶段,被感染的螳螂或蟋蟀会纷纷被迫"投河自尽"。随后,铁线虫会从它们体内慢慢爬出,排出虫卵。虫卵在水中进一步发育成幼虫,伺机等待着下一拨"倒霉蛋"！

在动物医学专业里学什么？
——丰富多彩的课程设置

立身以立学为先，立学以读书为本。

——欧阳修

▶▶ 如何学好动物医学专业？

大学期间的学习与小学、中学以及高中阶段的学习有很大差别。在大学期间，学生应该充分发挥主观能动性，合理安排时间，不应死记硬背，应该理论联系实际，理论课和实验课并重，培养独立思考能力和动手能力；在学好公共课、学科基础课以及专业基础课的基础上，把专业课学好；在学习过程中培养自己对所学专业的兴趣，为将来进一步深造和职业发展打下良好基础。

▶▶ **动物医学本科专业都有哪些课程？**

根据教育部发布的《普通高等学校本科专业目录》，动物医学专业的门类属于农学，专业类是动物医学类，专业代码是090401，专业名称为动物医学，学位授予门类为农学，修业年限为五年或四年。整个大学本科动物医学专业的课程设置包括公共课、学科基础课、专业基础课、专业课、专业类实验、专业类实训、生产实习、社会实践、毕业实习以及毕业论文等环节。

以下以沈阳农业大学动物科学与医学学院动物医学专业（五年制）的培养方案为例介绍各类课程。公共课、学科基础课、专业基础课以及专业课分为必修课、限修课和选修课，而必修课和限修课又有各自的学分要求，每门课程以16学时为1学分。以下主要介绍必修课和限修课。所有课程加上实践教学需要修满210学分才能达到毕业要求。学制为5年，可提前1年或延迟2年毕业，毕业授予农学学士学位。动物医学专业的主干学科包括基础兽医学、临床兽医学以及预防兽医学，动物医学的专业方向分为动物临床医学和兽医公共卫生学。

➡➡ **公共课**

公共必修课包括毛泽东思想和中国特色社会主义理论体系概论、马克思主义基本原理概论、思想道德修养与法律基础、大学外语Ⅰ、大学外语Ⅱ、大学外语Ⅲ、形势与政策Ⅰ、形势与政策Ⅱ、形势与政策Ⅲ、形势与政策Ⅳ、中国近现代史纲要、心理健康教育、军事理论、创业基础Ⅰ、创业基础Ⅱ、职业发展与就业指导Ⅰ、职业发展与就业指导Ⅱ、体育课Ⅰ、体育课Ⅱ、体育课Ⅲ、体育课Ⅳ、高级语言程序设计。

公共限修课包括专业教育与社会需求、健康教育学、创新思维和创新方法、信息检索与利用、创新能力训练、大学语文。

这些课程是大学本科学习的基础。教育要引导学生坚持政治思想方面的学习，坚持学习马克思列宁主义、毛泽东思想、邓小平理论、"三个代表"重要思想、科学发展观、习近平新时代中国特色社会主义思想。不忘初心，牢记使命，热爱自己的祖国，关心国家大事，关心国际形势。树立正确的世界观、人生观、价值观，培养学生具有良好的道德修养，爱岗敬业，为实现中华民族伟大复兴做出应有的贡献。

在动物医学专业里学什么？——丰富多彩的课程设置

专业教育与社会需求培养使学生熟悉了解本专业，培养学生对本专业的兴趣，使学生知道将来要做什么、能做什么，成为对社会有用的专业人才。大学英语课的学习从口语、听力、语法、阅读理解、英译汉、汉译英以及写作等多方面进行，使学生具有较强的英语应用能力，达到国家大学英语考试四级要求，能够熟练掌握运用英语进行阅读、翻译英文资料，进行国际交流。

➡➡ 学科基础课

学科基础课的必修课包括家畜解剖学、动物学、动物学实验、高等数学、普通化学、普通化学实验、分析化学、分析化学实验、有机化学、有机化学实验、概率论、线性代数。

学科基础课的限修课包括物理学、物理学实验、生物统计附实验设计、畜牧学概论、仪器分析。

这些课程可以培养学生扎实的数学、物理、化学、生物统计、实验设计的理论知识和基本技能，为将来专业基础课和专业课的学习打下良好基础。

➡➡ 专业基础课

专业基础课的必修课包括动物组织与胚胎学、动物生物化学、动物生理学、动物生理学实验、兽医临床诊断学（Ⅰ）、兽医微生物学、兽医病理生理学、兽医免疫学、兽医药理学、兽医药理学实验、兽医病理解剖学、兽医外科手术学。

专业基础课的限修课包括兽医临床药物学、家畜环境卫生学、兽医公共卫生学、专业英语、兽医法规。

这些课程为学好专业课打基础，是通向专业课的桥梁和纽带。专业基础课包含学习专业课所需要的理论基础、基本技术或基本技能，只有把专业基础课学好了，才能学好专业课。例如家畜解剖学及动物组织与胚胎学是讲解动物正常的系统、器官、组织以及细胞的结构和功能，学好这些基础知识才能学好兽医病理解剖学，才能掌握病理状态下的结构和功能的变化。

➡➡ 专业课

专业课的必修课包括中兽医学基础理论、兽医内科学、兽医产科学、动物性食品卫生学、兽医外科学、兽医传染病学、兽医寄生虫病学、兽医中药学。

专业课的限修课因动物医学专业的两个方向而有所不同。

动物临床医学方向专业课程的限修课包括兽医影像学、小动物疾病学、动物营养代谢病与中毒学、兽医针灸学、反刍动物疾病学。

兽医公共卫生学方向专业课程的限修课包括兽医生物制品学、猪病学、禽病学、生化制药学、人兽共患病学。

通过专业课的学习,学生具有全面、系统地综合运用所学理论知识和实验技能的能力。例如,在兽医传染病学这门课程中,每一种传染病都包括病原学、流行病学、临床症状、病理变化、诊断、治疗以及预防等方面的知识,而这些内容已经分别在兽医微生物学、兽医流行病、兽医病理学、兽医临床诊断学、兽医药理学、兽医生物制品学以及兽医免疫学中学过了。在兽医传染病学的学习过程中,需要把之前学到的各方面知识进行全面系统地综合运用。

➡➡ 主要实践性教学环节

✤✤ 专业类实验

专业类实验包括动物解剖学实验、动物生理学实验、动物生物化学实验、兽医病理生理学实验、兽医病理解剖学实验、兽医微生物学实验、兽医免疫学实验、兽医传染病学实验、兽医寄生虫学实验、兽医临床诊断学实验、兽医外科手术学实验、兽医内科学实验、兽医产科学实验、中兽医学实验等。

这些实验课是该课程的组成部分，通过实验课培养学生的观察能力、动手能力、结果合理分析能力、实验总结能力。学生可应用所学理论知识指导实验，而实验课又反过来有助于学生更好地理解和掌握所学的理论知识。

❖❖ 专业类实训

专业类实训包括动物解剖学大实验、兽医传染病学大实验、兽医寄生虫学大实验、兽医外科手术学大实验、兽医临床诊断学大实验、中兽医学大实验、动物性食品卫生学大实验、兽医微生物学大实验等。

这些课程培养学生动手能力、独立思考能力、分析问题和解决问题能力，使学生能够全面、系统地运用该课程的理论知识指导实验操作技能。

❖❖ 生产实习

生产实习期间，学校会要求学生到动物医院、养殖场、防疫站等有关疾病诊疗单位进行为期 15 周的实习。

第 8 个学期(第四学年第 2 学期)在校内指导教师和实习单位指导教师的共同指导下进行实习。在动物医院实习期间,学生跟随临诊医生对就诊动物从诊断、制订治疗方案、进行治疗处置等全过程进行系统学习和实际操作训练。在养殖场(包括牛场、猪场、鸡场)实习期间,学生深入畜禽养殖的饲养管理全过程进行学习,包括饲喂程序、消毒程序、免疫程序等。在动物防疫站实习期间,学生对防疫站所管辖地区的各种畜禽重大动物疫病的病原学检测、流行病学调查、免疫程序制定与实施以及免疫状态监测进行系统性学习和实验操作训练。

学生通过实习,全面、系统地掌握疾病诊疗的基本程序、要点及综合应用所学知识的能力。

❖❖ 社会实践

学生还应该参加社会实践活动,包括劳动、入学教育及军训、社会实践Ⅰ、社会实践Ⅱ、社会实践Ⅲ、社会实践Ⅳ等。

❖❖ 毕业实习

本课程为动物医学专业本科生的毕业实习课,学生在第 10 个学期(第五学年第 2 学期)到高校研究实验室、研究所、动物疫病防控中心、企业研发中心、生物制品厂、药物生产企业等相关单位,在校内指导教师和实习单位指导教师的共同指导下,进行毕业实习以及毕业论文相关实验,主要是培养学生基本科研素质及独立解决问题的能力。

通过实习,学生熟悉和掌握兽医临床诊治动物疾病的基本操作和技能,以及畜牧生产现场的生产过程、卫生防疫和动物检疫及畜产品检疫等过程,在本专业领域实践活动中,能够遵守职业道德和职业规范,并能与团队其他成员合作共事。

❖❖ 毕业论文

学生在导师指导下开展课题研究、论文撰写及答辩工作。毕业论文是高等学校培养具有创新精神和实践能力的高级专门人才不可缺少的重要教学环节,具有其他教学环节难以起到的特殊作用。在指导教师的指导下,学生进行论文题目选定、论文内容的实验设计、实验实施计划、实验操作、结果分析、文献查阅及引用、论文写作与答辩。在很多情况下,指导教师常常请被指导的学生加入自己的科研课题。学生在此过程中,会养成严肃、认真、科学、求实的态度,也会在科学研究和科技论文写作方面得到训练。

学了动物医学能做什么？
——大有作为的广阔天地

> 天下之才用其所长无不可用之才，天下之才用其所短无可用之才。
>
> ——盛彤笙

▶▶ 如何将自己培养成为合格的动物医学从业者？

首先，应端正个人思想。俗话说，"干一行，爱一行"，对动物医学的热爱是干好兽医工作的基础。刚毕业的大学生最缺乏的就是临床和实践经验，很多知识需要在工作中去学习和积累，要本着谦虚的心态去学习和钻研。其次，应多从事兽医临床实践，积累临床经验，理论与实践相结合，在实践中丰富和完善专业知识，打好基础。再次，学会和畜主沟通，了解临床上得不到的信息，包括动物发病史、临床免疫和治疗情况。最后,了解兽医相关政策和法规,按法规办事。

▶▶ 动物医学专业本科毕业生能做什么？就业前景如何？

动物医学专业本科毕业生可以到动物医院及其他诊疗机构,从事畜禽疾病的诊断与防治工作,也可以到国家及省、市机关事业单位从事畜牧兽医行政管理、肉品卫生检验、食品安全、环境保护、进出口动物食品及相关产品的检验检疫等工作。毕业生还可以到大型养殖企业、动保企业,从事畜禽养殖和动保工作,负责畜禽疾病诊断及防控工作,包括日常管理、疫苗免疫程序制定、疫病诊断和治疗、疫病监控和预警、疫病防控措施的制定和执行等,为畜禽健康养殖保驾护航。近年来我国畜牧业发展迅速,规模化、集约化、专业化和智能化越来越普遍,大型养殖企业畜禽养殖量所占的比重逐年加大,急需大量的动物医学专业人才加入企业,从事动物疫病的预防、诊断和治疗工作,而目前我国动物医学专业人才相对不足,尤其是基层养殖技术人员极度缺乏。同时,伴随着社会经济和科学技术的发展,动物医学研究已经不仅能为畜牧业发展提供帮助,而且逐步扩展到人类疾病动物模型、医

药卫生、公共食品安全、社会科学、环境保护、生态科学等多学科领域，在人类生命科学的各个领域发挥着越来越重要的作用。因此，动物医学本科毕业生就业前景广阔。

▶▶ 动物医学专业研究生

动物医学专业研究生分为学术型研究生和专业型研究生。这里我们主要介绍学术型研究生。学术型研究生包括基础兽医学研究生、临床兽医学研究生和预防兽医学研究生。

➡➡ 基础兽医学研究生

基础兽医学研究生的培养目标：系统掌握兽医学科的基础理论和相关的动物医学专业知识，掌握动物医学基本的实践技能，了解和掌握国内外相关研究的最新发展和研究动态，具有独立从事基础兽医学科的研究能力和组织能力。相关的研究学科：动物解剖学、家畜组织与胚胎学、动物生理学、动物生物化学、动物病理学和动物药理学等兽医基础学科。

➡➡ 临床兽医学研究生

临床兽医学研究生的培养目标：研究非生物性因素，

即不具有传染性的动物疾病的发病原因,对患病动物的临床诊断、治疗和预防。相关的研究学科:兽医外科学、兽医内科学、兽医产科学、中兽医学和兽医临床诊断学等。

→→ 预防兽医学研究生

预防兽医学研究生的培养目标:研究生物性因素引起的具有传染性的动物疾病的病原特性、致病机理、传染病的流行规律,临床和实验室诊断及防控。相关的研究学科:兽医微生物学、兽医免疫学、动物传染病学、兽医寄生虫学等。

▶▶ **什么是执业兽医资格证?**

执业兽医资格证是 2001 年由辽宁省畜牧局发起、颁发并开始实施的,通过考试或免试推荐颁发给个人的证书,代表着持证者具有动物诊断、治疗和防控等相关知识和技能,并可从事动物诊疗服务活动。2009 年,原中华人民共和国农业部首先在广西、重庆、宁夏、河南、吉林 5 个省、自治区和直辖市组织实施了国家级执业兽医资格全国性统一考试试点工作,证书由原中华人民共和国农业部颁发。2013 年之后,执业兽医资格证改为由各省、市、自治区兽医主管部门颁发。全国执业兽医资格考试时间为每年的 10 月下旬,报名时间为每年的 6〜7 月。执业兽医资格证

制度的实行,是我国兽医制度逐步提高和完善的体现,也是与国际兽医行业接轨的需求。根据考试成绩,执业兽医资格证的资格等级分为执业兽医师和执业助理兽医师。

▶▶ 报考执业兽医资格考试的条件有哪些?

执业兽医资格考试制度是根据《中华人民共和国动物防疫法》规定实施的。执业兽医资格考试制度明确规定,报名参加考试者必须具备动物医学相关专业大学专科及以上学历,省、市、自治区兽医主管部门向考试合格者颁发相应的执业兽医资格证。

▶▶ 执业兽医资格考试科目有哪些?

全国执业兽医资格考试命题范围以全国执业兽医资格考试委员会发布的《全国执业兽医资格考试大纲(兽医全科类)》为准,实行全国统一命题、统一考试。

兽医全科类考试试题共分为基础、预防、临床和综合应用四个科目,每科目 100 道题,每题 1 分,共 400 题,总分值为 400 分。

基础科目包括动物解剖学、动物生理学、动物生物化学、家畜组织学与胚胎学、兽医病理学、兽医药理学和兽医法律法规以及职业道德等内容。

预防科目包括兽医公共卫生学、兽医传染病学、兽医微生物与免疫学和兽医寄生虫学等内容。

临床科目包括兽医外科学、兽医内科学、兽医产科学、兽医临床诊断学和中兽医学等内容。

综合应用科目包括猪、鸡、牛、羊等畜禽和狐狸、貉等经济动物疾病的临床诊断，治疗和防控等内容。

▶▶ 什么是执业兽医备案？

想从事动物诊疗等经营活动的人员，在取得执业兽医资格证后，应当向所在地县（区）级农业农村局备案。经审核通过后，申请备案人员可到县（区）级农业农村部门打印执业兽医备案表，并签字确认。县（区）级农业农村部门在执业兽医备案表"办理意见"一栏签署"已备案"并加盖公章，备案完成。

▶▶ 开设动物诊疗机构需具备哪些条件？

2008 年 11 月 26 日，原中华人民共和国农业部令第

19 号颁布了《动物诊疗机构管理办法》,其第五条规定:

　　申请设立动物诊疗机构的,应当具备下列条件:有固定的动物诊疗场所,且动物诊疗场所使用面积符合省、自治区、直辖市人民政府兽医主管部门的规定;动物诊疗场所选址距离畜禽养殖场、屠宰加工场、动物交易场所不少于 200 米;动物诊疗场所设有独立的出入口,出入口不得设在居民住宅楼内或者院内,不得与同一建筑物的其他用户共用通道;具有布局合理的诊疗室、手术室、药房等设施;具有诊断、手术、消毒、冷藏、常规化验、污水处理等器械设备;具有 1 名以上取得执业兽医师资格证书的人员;具有完善的诊疗服务、疫情报告、卫生消毒、兽药处方、药物和无害化处理等管理制度。

▶▶ 动物防疫条件合格证

　　根据《中华人民共和国动物防疫法》规定,任何个人和单位开办和生产经营动物饲养场、动物屠宰加工场、动物隔离场所和动物产品无害化处理场所时,必须先经当地兽医卫生管理部门审查,审查符合动物疫病预防、控制和扑灭等条件后,将发给申请人或单位动物防疫条件许可凭证,申请个人和单位方可从事生产经营相关活动。

▶▶ 动物医学专业毕业去向

➡➡ 动物医院

随着我国畜牧业的快速发展，规模化、集约化、专业化和智能化所占的比重越来越大，伴随而来的动物疫病已成为制约我国养殖业健康、可持续发展的瓶颈，尤其是2005年的禽流感、2018年的非洲猪瘟给我国畜牧业的发展造成严重危害。如何预防和控制畜禽疫病，是关系畜禽养殖成败的关键。动物医学专业的本科生、研究生毕业后可以到动物医院等动物诊疗机构工作，运用自己的专业知识，经过临床实践和临床观察，并结合实验室的检测结果，对猪、鸡、牛、羊等畜禽临床上常见的疾病做出正确诊断，同时制定科学的防控措施，保障畜禽的安全生产，为所在地区畜牧业的健康发展保驾护航。

➡➡ 宠物医院

伴随着人口的老龄化及人们生活水平和消费水平的提高，宠物被越来越多的家庭所接受和喜爱，猫、犬等宠物已成为人们生活中常见的"伴侣"动物。与此同时，伴随着宠物寿命的逐渐提高，宠物的很多疾病也呈逐年上升的趋势，包括老年病、心血管疾病、营养代谢性疾病等。

目前我国开设宠物专业的本科院校相对很少，宠物专业多集中在一些高职高专院校。因此，宠物专业的从业者数量不足，职业技能更是参差不齐，宠物行业人才队伍建设很不完善。为了满足目前和未来宠物行业发展的需要，宠物市场亟须一大批职业素养高、职业技能强的从业者，以推动和促进我国宠物诊疗事业的健康发展。宠物诊疗、药品和疫苗研发等宠物相关产业是一项朝阳产业，宠物产业的兴盛将对促进我国经济全面发展发挥积极的作用。

➡➡ 大型养殖场或上市公司

✥✥ 临床兽医

动物医学专业的专科生、本科生、研究生毕业后，可以加入国内某些牛场、猪场、鸡场、羊场等大型养殖企业，从事畜禽养殖过程中畜禽疾病诊断及防控工作，包括日常初生仔畜、幼禽以及母畜和种禽关键时期的保健、日常免疫及免疫程序的制定，不同阶段或关键时期抗原、抗体检测和监测，以及畜群不稳定时疫病的及时诊断、治疗、防控和扑灭等，为本场畜禽健康养殖保驾护航。

✥✥ 疫苗和兽药销售

疫苗是预防畜禽常见疫病的重要手段，特别是针对病毒性传染病,如禽流感、新城疫、猪瘟、高致病性猪蓝耳病、猪伪狂犬病、犬瘟热、犬细小病毒性肠炎、反刍动物口蹄疫、小反刍兽疫等畜禽重大病毒性传染病,科学使用疫苗是有效防控的关键。动物医学专业毕业生可以到动保企业从事疫苗、兽药等相关产品的销售工作,发挥个人的专业优势,为畜牧业的健康生产提供更多更好的产品。

✢✢ 技术服务教师

动物医学专业本科生、研究生毕业后到动保企业、大型养殖企业做技术服务教师,一是为企业内部技术人员做技术培训,二是为合作养殖场、经销商做动保产品推广和使用技术培训。做技术服务教师应具备动物医学基础知识,熟悉畜禽养殖技术,积累一定的疫病诊断、防控与保健经验,同时还要具有良好的口才和职业素养。

✢✢ 企业研发人员

研发是企业生存之本,大型科技企业大多拥有自己的研发中心,其任务就是根据市场的需求,孵化出有竞争力的市场产品。研发是企业长久发展的生命力。动保企业根据企业自身发展和市场前景需求,招聘相关专业本科生和研究生,开展动保化药、中草药、微生态、酶制剂以及畜禽疫苗的研发等工作,为畜禽养殖提供更有效的动保产品。

➡➡ 海关检疫部门

　　海关检疫部门隶属于中华人民共和国海关总署动植物检疫司，其宗旨是依法对进出境的动植物及其相关产品、动植物及其相关产品的包装物和装载容器、动植物疫区的运输工具等实施检疫。其目的是防止动物传染病、寄生虫病和植物危险性疾病、病虫、有害杂草以及其他有害生物或物种传入或传出国境，保护农、林、牧、渔业生产和人体健康，促进对外经济贸易的健康可持续发展。

➡➡ 诊断中心（第三方兽医检测实验室）

　　畜禽重大疫病的监控和预警是保障畜禽安全生产的关键，第三方兽医检测机构逐步被人们所认可和重视。第三方兽医检测实验室的主要服务对象包括养殖、饲料、兽药、生物制品等企业，为养殖企业提供动物健康和药品质量安全评价，动物疫病诊断，抗原、抗体检测（监测）和评价，动物疫病净化以及养殖相关方面技术咨询等全链条服务。

➡➡ 机关事业单位

　　动物医学专业毕业的学生可以到国家农业农村部，省、市、自治区农业农村局以及乡镇农业农村相关部门，从事与畜牧兽医相关的行政工作，其职责是宣传和落实国家和省、市、自治区畜牧兽医相关的法律法规、政策和规划,拟定本地区动物疫病防控条例、应急预案以及动物重大疫病的防控和扑灭措施,监督管理本地区的动物防疫工作;负责与兽医、兽药、种畜禽饲料以及其他动物产品质量安全相关的监督管理。

➡➡ 高校

动物医学专业毕业的专科生、本科生可以通过个人努力,继续攻读硕士或博士研究生,毕业后进入高校做专业教师,从事动物医学专业的教学科研工作,为国家培养更多优秀的动物医学专业人才,同时进行相关的科研活动,为国家畜牧业健康可持续发展保驾护航。对临床感兴趣的教师,除了教学和科研之外,还可以从事畜禽疫病诊断和防控工作,将自己的科研成果用于临床实践中,理论联系实际,为大型养殖企业和集团提供技术支撑。

➡➡ 兽医研究所

我国兽医研究所包括国家级和省市级,主要从事猪、鸡、牛、羊等畜禽以及狐狸、貉、貂等经济动物的疫苗研发,禽流感、口蹄疫、非洲猪瘟等重大动物疫病发病机理的研究以及畜禽疫病诊断试剂的研发等。中国农业科学院有四大兽医研究所,分别是中国农业科学院哈尔滨兽医研究所、中国农业科学院兰州兽医研究所、中国农业科学院北京畜牧兽医研究所和中国农业科学院上海兽医研究所。

参考文献

[1] 陈浩. 传统兽医发展简史[J]. 兽医导刊, 2021, (07):60-61.

[2] 牛家藩. 中兽医学的起源与发展[J]. 中国农史, 1991, (01):78-85.

[3] 谢成侠. 中国兽医学史略[J]. 畜牧与兽医, 1958, (03):123-128.

[4] 崔基贤, 王靖飞, 王幼明, 等. 兽医工作在"同一健康"实践中的作用与地位[J]. 中国动物检疫, 2014, 31(04):37-40.

[5] 张帆. 我国动物医学领域的发展现状与对策[J]. 区域治理, 2019, (41):96-98.

［6］ 张童. 医者仁心之动物医学浅析［J］. 健康之路，
2018，17（12）：115.

［7］ 陈国强. 中国开展"全健康"理论与实践研究势在必
行［J］. 科技导报，2020，38（05）：1.

［8］ 林仁寿. 中兽医学之传承与未来［J］. 四川畜牧兽
医，2004，（04）：43.

［9］ 朱芹，王成，李群，等. 中兽医学发展史［J］. 中兽医
医药杂志，2012，31（02）：77-80.

［10］ 崔志中. 兽医免疫学［M］. 2 版. 北京：中国农业出
版社，2015.

［11］ 陆承平. 兽医微生物学［M］. 5 版. 北京：中国农业
出版社，2013.

［12］ RIEDEL S. Edward Jenner and the history of
smallpox and vaccination ［J］. Proc（Bayl Univ
Med Cent），2005，18（1）：21-25.

［13］ UNDERWOOD E A. Edward Jenner，Benjamin
Waterhouse and the introduction of vaccination in-
to the United States ［J］. Nature，1949，163
（4152）：823-828.

参考文献

[14] PEAD P J. Benjamin Jesty：new light in the dawn of vaccination ［J］. Lancet（London，England），2003,362(9401):2104-2019.

[15] 王海莉,吴俊,王斌,等. 免疫接种与天花疫苗的发现者:爱德华·詹纳[J]. 中华疾病控制杂志,2020,24(07):865-868.

[16] 吕元聪,谭春梅. 狂犬病疫苗的发展现状[J]. 右江医学,2009,37(06):734-736.

[17] 杨正时,房海. 巴斯德开启预防医学的大门——纪念路易斯·巴斯德发明狂犬病疫苗 130 周年[J]. 河北科技师范学院学报,2015,29(04):1-8.

[18] EDWARDS J. Why dolly matters：Kinship，culture and cloning ［J］. Ethnos,1999,64(3-4):301-324.

[19] В. М. КОРОПОВ,王树信. 巴甫洛夫学说在兽医科学发展上的重要性[J]. 中国兽医杂志,1953(4):115-118.

[20] 管博文,李程程,孟爱民. 实验动物替代研究进展[J]. 中国药理学与毒理学杂志,2016,30(10):1088.

后　记

　　人的一生，无时无刻不在做着选择，高考考哪所大学，是在做选择；要选哪个专业，也是在做选择……都说高考是人生另一个阶段的起点，那么专业的选择将会是其中的重要一环。然而，选专业对于大部分人来说并不是一件容易的事，每所大学所开设的专业众多，好多学生和家长在进行专业填报时很难对填报的专业有一个清晰的认知。机缘巧合，辛丑年腊月我有幸参与了本书的编著，希望这本书能够帮助处在迷茫阶段的学生和家长揭开动物医学相关专业的神秘面纱。

　　动物不像人类有较强的思维意识和语言能力，不能通过语言直接表述自己的不适。很多时候，动物医生会像一个侦探一样，借助他们丰富的经验推理出动物的需求和动物生病的原因。本书中，我们用简洁的语言，全方

位、多视角地介绍了动物医学的概说、发展历史、现状和未来展望，在动物医学专业里能学到什么和学了动物医学能做什么。同时，为了提升本书的趣味性和可读性，我们还增加了一些科普小知识，希望能给广大读者带来不一样的体验。

动物医学作为生命科学、生物医学和社会预防医学的重要组成部分，在人类的基础医学、临床医学和预防医学领域的科学研究（如人类疾病的动物模型、人类医药新产品研发、人兽共患病的科学研究、人类新发传染病的疫苗研制）等方面发挥着重要作用。希望通过本书，可以消除人们对动物医学专业的一些偏见和误解。同时，期待能有更多人加入这个大家庭，为动物医学专业及相关行业的发展注入新鲜血液。最后，在此向本书的作者们致以崇高的敬意。

陈启军

2022 年 7 月

"走进大学"丛书书目

什么是自动化？ 王　伟　大连理工大学控制科学与工程学院教授
　　　　　　　　　国家杰出青年科学基金获得者（主审）
　　　　　王宏伟　大连理工大学控制科学与工程学院教授
　　　　　王　东　大连理工大学控制科学与工程学院教授
　　　　　夏　浩　大连理工大学控制科学与工程学院院长、教授
什么是计算机？ 嵩　天　北京理工大学网络空间安全学院副院长、教授
什么是土木工程？
　　　　　李宏男　大连理工大学土木工程学院教授
　　　　　　　　　国家杰出青年科学基金获得者
什么是水利？　张　弛　大连理工大学建设工程学部部长、教授
　　　　　　　　　国家杰出青年科学基金获得者

什么是化学工程？
　　　　　贺高红　大连理工大学化工学院教授
　　　　　　　　　国家杰出青年科学基金获得者
　　　　　李祥村　大连理工大学化工学院副教授
什么是矿业？　万志军　中国矿业大学矿业工程学院副院长、教授
　　　　　　　　　入选教育部"新世纪优秀人才支持计划"
什么是纺织？　伏广伟　中国纺织工程学会理事长（作序）
　　　　　郑来久　大连工业大学纺织与材料工程学院二级教授
什么是轻工？　石　碧　中国工程院院士
　　　　　　　　　四川大学轻纺与食品学院教授（作序）
　　　　　平清伟　大连工业大学轻工与化学工程学院教授
什么是交通运输？
　　　　　赵胜川　大连理工大学交通运输学院教授
　　　　　　　　　日本东京大学工学部 Fellow
什么是海洋工程？
　　　　　柳淑学　大连理工大学水利工程学院研究员
　　　　　　　　　入选教育部"新世纪优秀人才支持计划"
　　　　　李金宣　大连理工大学水利工程学院副教授
什么是航空航天？
　　　　　万志强　北京航空航天大学航空科学与工程学院副院长、教授
　　　　　杨　超　北京航空航天大学航空科学与工程学院教授
　　　　　　　　　入选教育部"新世纪优秀人才支持计划"
什么是食品科学与工程？
　　　　　朱蓓薇　中国工程院院士
　　　　　　　　　大连工业大学食品学院教授

什么是生物医学工程？
	万遂人	东南大学生物科学与医学工程学院教授
		中国生物医学工程学会副理事长（作序）
	邱天爽	大连理工大学生物医学工程学院教授
	刘 蓉	大连理工大学生物医学工程学院副教授
	齐莉萍	大连理工大学生物医学工程学院副教授
什么是建筑？	齐 康	中国科学院院士
		东南大学建筑研究所所长、教授（作序）
	唐 建	大连理工大学建筑与艺术学院院长、教授
什么是生物工程？	贾凌云	大连理工大学生物工程学院院长、教授
		入选教育部"新世纪优秀人才支持计划"
	袁文杰	大连理工大学生物工程学院副院长、副教授
什么是哲学？	林德宏	南京大学哲学系教授
		南京大学人文社会科学荣誉资深教授
	刘 鹏	南京大学哲学系副主任、副教授
什么是经济学？	原毅军	大连理工大学经济管理学院教授
什么是社会学？	张建明	中国人民大学党委原常务副书记、教授（作序）
	陈劲松	中国人民大学社会与人口学院教授
	仲婧然	中国人民大学社会与人口学院博士研究生
	陈含章	中国人民大学社会与人口学院硕士研究生
什么是民族学？	南文渊	大连民族大学东北少数民族研究院教授
什么是公安学？	靳高风	中国人民公安大学犯罪学学院院长、教授
	李姝音	中国人民公安大学犯罪学学院副教授
什么是法学？	陈柏峰	中南财经政法大学法学院院长、教授
		第九届"全国杰出青年法学家"
什么是教育学？	孙阳春	大连理工大学高等教育研究院教授
	林 杰	大连理工大学高等教育研究院副教授
什么是体育学？	于素梅	中国教育科学研究院体卫艺教育研究所副所长、研究员
	王昌友	怀化学院体育与健康学院副教授
什么是心理学？	李 焰	清华大学学生心理发展指导中心主任、教授（主审）
	于 晶	曾任辽宁师范大学教育学院教授
什么是中国语言文学？
	赵小琪	广东培正学院人文学院特聘教授
		武汉大学文学院教授
	谭元亨	华南理工大学新闻与传播学院二级教授
什么是历史学？	张耕华	华东师范大学历史学系教授

| 什么是林学？ | 张凌云 | 北京林业大学林学院教授 |
| | 张新娜 | 北京林业大学林学院讲师 |

什么是动物医学? 陈启军　沈阳农业大学校长、教授
　　　　　　　　　　国家杰出青年科学基金获得者
　　　　　　　　　　"新世纪百千万人才工程"国家级人选
　　　　　　高维凡　曾任沈阳农业大学动物科学与医学学院副教授
　　　　　　吴长德　沈阳农业大学动物科学与医学学院教授
　　　　　　姜　宁　沈阳农业大学动物科学与医学学院教授
什么是农学?　陈温福　中国工程院院士
　　　　　　　　　　沈阳农业大学农学院教授（主审）
　　　　　　于海秋　沈阳农业大学农学院院长、教授
　　　　　　周宇飞　沈阳农业大学农学院副教授
　　　　　　徐正进　沈阳农业大学农学院教授
什么是医学?　任守双　哈尔滨医科大学马克思主义学院教授
什么是中医学?　贾春华　北京中医药大学中医学院教授
　　　　　　李　湛　北京中医药大学岐黄国医班（九年制）博士研究生
什么是公共卫生与预防医学?
　　　　　　刘剑君　中国疾病预防控制中心副主任、研究生院执行院长
　　　　　　刘　珏　北京大学公共卫生学院研究员
　　　　　　么鸿雁　中国疾病预防控制中心研究员
　　　　　　张　晖　全国科学技术名词审定委员会事务中心副主任
什么是护理学?　姜安丽　海军军医大学护理学院教授
　　　　　　周兰姝　海军军医大学护理学院教授
　　　　　　刘　霖　海军军医大学护理学院副教授
什么是管理学?　齐丽云　大连理工大学经济管理学院副教授
　　　　　　汪克夷　大连理工大学经济管理学院教授
什么是图书情报与档案管理?
　　　　　　李　刚　南京大学信息管理学院教授
什么是电子商务?　李　琪　西安交通大学电子商务专业教授
　　　　　　彭丽芳　厦门大学管理学院教授
什么是工业工程?　郑　力　清华大学副校长、教授（作序）
　　　　　　周德群　南京航空航天大学经济与管理学院院长、教授
　　　　　　欧阳林寒　南京航空航天大学经济与管理学院副教授
什么是艺术学?　梁　玖　北京师范大学艺术与传媒学院教授
什么是戏剧与影视学?
　　　　　　梁振华　北京师范大学文学院教授、影视编剧、制片人